Leandra Praetzel

Eine autofreie Innenstadt für Münster

Leandra Praetzel

Eine autofreie Innenstadt für Münster

Voraussetzungen und Maßnahmen

AV Akademikerverlag

Impressum / Imprint
Bibliografische Information der Deutschen Nationalbibliothek: Die Deutsche Nationalbibliothek verzeichnet diese Publikation in der Deutschen Nationalbibliografie; detaillierte bibliografische Daten sind im Internet über http://dnb.d-nb.de abrufbar.
Alle in diesem Buch genannten Marken und Produktnamen unterliegen warenzeichen-, marken- oder patentrechtlichem Schutz bzw. sind Warenzeichen oder eingetragene Warenzeichen der jeweiligen Inhaber. Die Wiedergabe von Marken, Produktnamen, Gebrauchsnamen, Handelsnamen, Warenbezeichnungen u.s.w. in diesem Werk berechtigt auch ohne besondere Kennzeichnung nicht zu der Annahme, dass solche Namen im Sinne der Warenzeichen- und Markenschutzgesetzgebung als frei zu betrachten wären und daher von jedermann benutzt werden dürften.

Bibliographic information published by the Deutsche Nationalbibliothek: The Deutsche Nationalbibliothek lists this publication in the Deutsche Nationalbibliografie; detailed bibliographic data are available in the Internet at http://dnb.d-nb.de.
Any brand names and product names mentioned in this book are subject to trademark, brand or patent protection and are trademarks or registered trademarks of their respective holders. The use of brand names, product names, common names, trade names, product descriptions etc. even without a particular marking in this work is in no way to be construed to mean that such names may be regarded as unrestricted in respect of trademark and brand protection legislation and could thus be used by anyone.

Coverbild / Cover image: www.ingimage.com

Verlag / Publisher:
AV Akademikerverlag
ist ein Imprint der / is a trademark of
OmniScriptum GmbH & Co. KG
Heinrich-Böcking-Str. 6-8, 66121 Saarbrücken, Deutschland / Germany
Email: info@akademikerverlag.de

Herstellung: siehe letzte Seite /
Printed at: see last page
ISBN: 978-3-639-78818-1

Copyright © 2015 OmniScriptum GmbH & Co. KG
Alle Rechte vorbehalten. / All rights reserved. Saarbrücken 2015

Danksagung

An dieser Stelle möchte ich ganz herzlich Prof. Dr. Tillmann Buttschardt danken, der sich bereit erklärt hat, das Thema „Voraussetzungen und Maßnahmen zur Einführung einer autofreien Innenstadt in Münster" (Originaltitel) im Rahmen meiner Bachelor-Arbeit zu betreuen. Ich danke ihm für die Beratung und Hilfestellung bei Fragen und Unklarheiten.
Des Weiteren möchte ich mich bei Dr. Christoph Scheuplein für die Übernahme der Zweitkorrektur bedanken.
Ich danke meinen Freunden und meiner Familie für ihre Unterstützung, Inspiration und Motivation.

Inhaltsverzeichnis

Abbildungsverzeichnis

Tabellenverzeichnis

Glossar

ADFC	Allgemeiner Deutscher Fahrradclub
BImmSchG	Bundesimmissionsschutzgesetz
BMU	Bundesministerium für Umwelt, Naturschutz und Reaktorsicherheit
CO_2	Kohlenstoffdioxid
dB(A)	Schalldruckpegel, logarithmisches Maß zur Messung eines Schallereignisses
DETR	Department of Environment, Transport and the Regions
Euro-Norm	Abgasnorm, der Grenzwerte für Emissionen festlegt
Externe Kosten	Kosten, die durch Verkehrsteilnehmer bzw. Verkehrsmittel verursacht, jedoch nicht von ihnen selbst getragen werden
FNP	Flächennutzungsplan
IFEU	Institut für Energie- und Umweltforschung Heidelberg GmbH
Integrative Planung	Ganzheitlicher, verkehrsmittelübergreifender Ansatz, der die Wechselwirkungen mit anderen Lebensbereichen berücksichtigt
Karlsruher Modell	Verknüpfung von Straßenbahn und Eisenbahn zur Regionalstadtbahn, sodass beide die gleichen Schienentrassen benutzen können
Kfz	Kraftfahrzeug
LANUV	Landesamt für Natur-, Umwelt- und Verbraucherschutz NRW
Lkw	Lastkraftwagen
MIV	Motorisierter Individualverkehr
Modal Split	Verkehrsmittelwahl, Anteil der Verkehrsmittelart am Verkehrsaufkommen
NO_x	Stickstoffoxid
Pkw	Personenkraftwagen
PM10	Feinstaub
ÖPNV	Öffentlicher Personennahverkehr
VCD	Verkehrsclub Deutschland
SPNV	Schienenpersonennahverkehr
SPFV	Schienenpersonenfernverkehr
StVO	Straßenverkehrsordnung
UBA	Umweltbundesamt
Umweltverbund	Bus-, Bahn-, Rad- und Fußverkehr
WLE	Westfälische Landes-Eisenbahn
ZVM	Zweckverbund SPNV Münsterland

Zusammenfassung

Zur Verringerung des MIV auf kommunaler Ebene soll eine Verringerung des Straßenraums für den Autoverkehr zur Verringerung des Verkehrsaufkommens führen (Verkehrsverpuffung). Die Einführung einer autofreien Zone in Verbindung mit weiteren MIV-restriktiven und den Umweltverbund fördernden (Push- und Pull-) Maßnahmen soll also die Funktionsfähigkeit des Verkehrssystems gewährleisten, indem im Rahmen einer integrativen und partizipativen Planung die Menschen zum Umstieg auf nachhaltige Verkehrsmittel angeregt werden und Restriktionen für den Autoverkehr nicht als einschränkend empfunden werden.

Beispiele aus anderen Städten zeigen, dass bei der Einführung von autofreien Zonen die Kommunikation mit allen betroffenen Interessensgruppen, ein langfristiges Planungskonzept inklusive Bestandsaufnahme und Monitoring und die Einbindung von lokalen Institutionen unumgänglich sind. In allen Fällen zeigen sich positive Auswirkungen auf Verkehrsaufkommen und Verkehrsmittelwahl, Schadstoff- und Lärmemissionen und Handel.

Die Analyse für Münster zeigt, das sowohl die städtebaulichen als auch die verkehrsstrukturellen Voraussetzungen zur Einführung einer autofreien Innenstadt gut sind, besonders der hohe Radverkehrsanteil ist von Vorteil. Es ergeben sich jedoch auch Herausforderungen, besonders im Hinblick auf den Stadt-Umland-Verkehr. Die Stadt Münster fördert durch viele verkehrsplanerische Maßnahmen die Nutzung umweltfreundlicher Mobilitätsformen. Andererseits gibt es aber auch Maßnahmen, die dem entgegenwirken und viele Maßnahmen, die nicht berücksichtigt und durchgeführt werden, aber unbedingt notwendig wären. Ein Konzept zur Einführung einer autofreien Innenstadt in Münster soll daher aufzeigen, in welchem Umfang diese eingeführt werden könnte und welche Maßnahmen dazu notwendig wären.

VIII

1. Einleitung

Deutschland ist ein Auto-Land. In der BRD gibt es mehr als 42 Millionen Autos, der motorisierte Individualverkehr (MIV) hat mit 80% den größten Anteil am Verkehrsaufkommen. Im Jahr 2010 verursachte der Straßenverkehr in der BRD 145,4 Mio. Tonnen CO_2, das entspricht 17,4% der gesamten CO_2-Emissionen, europaweit (EU-27) ist der Verkehr nach der Energiewirtschaft der zweitgrößte Kohlenstoffdioxidemittent (BMU, UBA 2012).

Das Auto genießt in unserer Gesellschaft nach wie vor ein enormes Ansehen und ist aus dem Alltag der meisten Menschen nicht mehr wegzudenken. Es gilt nach wie vor als Status- und Wohlstandssymbol. Die individuelle Verkehrsmobilität ist für den Großteil der Menschen ein Grundbedürfnis, welches Lebensqualität und persönliche Entfaltung bedeutet und somit zu einem Symbol für Freiheit und Unabhängigkeit wird. Denn in unserer Gesellschaft wird Verkehrsmobilität mit Automobilität gleichgesetzt (MOTZKUS 2002).
Ein weiterer Grund für die Fokussierung auf die Automobilität sind die planerischen Leitbilder und Entwicklungen des letzten Jahrhunderts welche dazu führten, dass die Infrastruktur komplett auf Autos ausgerichtet wurde. Die in den 30er Jahren aufgestellte „Charta von Athen", der Wiederaufbau Deutschlands mit Priorisierung des Automobils und das lange Zeit verfolgte planerische Leitbild der „autogerechten Stadt" führten zu einer räumlichen Trennung von Wohn-, Arbeits- und Freizeitstandorten. Der Ausbau der Straßeninfrastruktur und mangelnder Platz innerhalb der Städte ließ Vorortsiedlungen entstehen, führte zu einer geringen Nutzungsdichte und zog somit ein wachsendes Mobilitätsbedürfnis nach sich. Erst in den 80er Jahren begann man, das Problem des CO_2-Ausstoßes zu realisieren und daraufhin die planerischen Fehlentwicklungen beispielsweise durch Förderung des Umweltverbunds und integrative Planungsansätze zu revidieren (STEIERWALD, KÜNNE, VOGT 2005).

> „Der Trend zum ‚Unterwegs sein' und zum ‚Schneller sein' scheint ungebrochen. [...] Grundaätzliche Verbeaaerungen würde nur eine geänderte Kommunikationa- und Verkehraultur erzielen. Dazu müaaen wir unaere peraönlichen und geaellachaftlichen Ziele anders setzen und unsere Einstellung zur Zeit überdenken." (FÜSSER 1997)

Besonders die Industrieländer haben eine moralische Verpflichtung zur Reduktion der verkehrsbedingten Emissionen, sie verursachen insgesamt 4/5 der globalen Emissionen, hier leben jedoch nur 1/6 der Weltbevölkerung (WOLF 2007).
Vor dem Hintergrund der Klima- (CO_2-Ausstoß) und Ressourcenkrise (Peak-Oil-Problematik) müssen postfossile Mobilitätsformen gefördert werden. Dies ist nicht allein durch technische und kraftstoffsparende Innovationen möglich, denn der Straßenverkehr wächst dennoch beständig an. Der enorme Flächenverbrauch muss durch siedlungs- und raumstrukturelle Umstrukturierungen eingedämmt werden, sodass die Mobilitätsbedürfnisse und Erreichbarkeit von Versorgungsstandorten durch dichte Versorgungsnetze und Nahmobilität für alle Menschen gewährleistet sind (WÜRDEMANN 2011).

Als Antwort auf die globalen gesellschaftlichen und klimatischen Probleme müssen daher regionale Lösungsansätze gefunden werden. Insbesondere auf kommunaler Ebene werden viele der in der Agenda 21 angesprochenen Probleme verursacht und können hier auch am effizientesten gelöst werden. Die kommunalen Planungsinstrumente bieten z.B. mit dem Verkehrsentwicklungsplan (VEP) Möglichkeiten zu einer nachhaltigen Stadtentwicklung, für ein verträgliches Verkehrssystem und den Schutz von Natur und Landschaft, sodass der Zugang zu Gütern und Dienstleistung für die gesamte Bevölkerung gesichert ist ohne dabei die Umwelt oder kulturelles Erbe - auch für zukünftige Generationen - zu zerstören (BECKMANN, KLÖNNE 2005). Ziel einer nachhaltigen kommunalen Verkehrspolitik sollte es daher sein, alle BürgerInnen zur Nutzung alternativer Fortbewegungsmöglichkeiten zu animieren.

In urbanen Regionen sind 50% der zurückgelegten Strecken kürzer als fünf Kilometer, 1/3 sogar kürzer als drei Kilometer. Mit der Bereitstellung einer guten Infrastruktur für ÖPNV, Fuß- und Radverkehr können bestehende Kapazitäten an Straßen effizienter genutzt werden (WALLSTRÖM 2004).

Eine autofreie Innenstadt als Beitrag zu diesen Transformationen steigert die Aufenthaltsqualität sowohl für die BewohnerInnen als auch für die TouristInnen. Für die Bevölkerung würde eine autofreie Innenstadt eine erhöhte Lebensqualität und eine Verbesserung der Gesundheit bedeuten. Die hohe Attraktivität von autofreien Innenstädten fördert den Tourismus und hat so positive Auswirkungen auf Gastronomie und Hotelgewerbe, da durch den Wegfall von fahrenden und parkenden Autos nicht nur das Stadtbild erheblich aufgewertet wird, sondern auch neue, vielseitig nutzbare Freiräume entstehen. Die durch die gesteigerte Aufenthaltsqualität herbeigeführte Steigerung der Aufenthaltsdauer kann zu einer Belebung des Einzelhandels führen, erhöhte Einnahmen des Einzelhandels würden den Kommunen auch langfristig mehr Steuereinnahmen einbringen (HOBERG 2012).

Dabei kann das Prinzip autofreier Wohnsiedlungen bis zu einem gewissen Maß auch auf einen autofreien Bereich in der Innenstadt übertragen werden. So soll bei autofreien Siedlungen die Reduzierung des Parkraumangebots dazu führen, dass die BewohnerInnen auf ein eigenes Auto verzichten, sodass die Automobilität reduziert wird und die Menschen auf andere Verkehrsmittel umsteigen. Dieses Verhalten ist auch für eine autofreie Innenstadt denkbar, besonders wenn solche Bereiche aufgrund ihrer zunehmenden Lebensqualität wieder vermehrt als Wohnort dienen (KEMMING 2001).

Gerade Münster ist bekannt für seine historische Altstadt, die mittelalterlichen Gebäude und zahlreichen Kirchen und bietet als deutsche Fahrradhauptstadt bereits die idealen Voraussetzungen zur Schaffung einer autofreien Infrastruktur.

So bietet eine autofreie Innenstadt zahlreiche Vorteile, in der der Straßenraum nicht mehr nur als Fortbewegungsraum benutzt wird, sondern zu einem Aufenthalts-, Begegnungs- und Kommunikationsraum für ein soziales Miteinander wird (CRAWFORD 2004).

Ziel dieser Arbeit ist die Aufstellung eines Konzepts zur Einführung einer autofreien Innenstadt in Münster. Dazu möchte ich zunächst die Gründe darstellen, warum eine Reduzierung des Autoverkehrs notwendig ist (Kap. 2). Anschließend sollen wissenschaftliche Theorien erläutert werden, wie das Verkehrsaufkommen verringert und nachhaltige Mobilitätsformen gestärkt werden können (Kap. 3). Als Beispiele aus der Praxis werden dann Städte vorgestellt, in denen autofreien Zonen eingeführt wurden (Kap. 4 und 5) um danach auf die Situation und die Voraussetzungen in Münster einzugehen (Kap. 6) und als Fazit ein Konzept aufstellen zu können (Kap. 7).

2. Hintergrund: Autoverkehr als Problemverursacher

Der MIV ist Verursacher vieler Probleme. Unter den negativen Auswirkungen leiden besonders StadtbewohnerInnen, weil deren Lebensqualität sinkt und die gesundheitlichen Risiken steigen. Die Intention einer nachhaltigen Kommunalplanung muss es daher sein, den Wohnraum Stadt gesund und lebenswert zu gestalten (HOBERG 2012). In diesem Kapitel sollen die negativen Aspekte, die durch den Verkehr verursacht werden, kurz dargestellt werden. Dies sind nicht nur ökologische, sondern auch wirtschaftliche und gesellschaftliche Gesichtspunkte.

2.1 Luftschadstoffe

Der Autoverkehr verursacht enorme Schadstoffausstöße: der Anteil des Straßenverkehrs an den gesamten CO_2-Emissionen der BRD lag 2010 bei 17,4 %, das entspricht 145,4 Mio. Tonnen CO_2 (BMU, UBA 2012). Trotz verbesserter Fahrzeugtechnik nehmen die Emissionen des Pkw-Verkehrs kaum ab, weil im Gegenzug das Verkehrsaufkommen steigt (FÜSSER 1997).

In einer Umfrage zu gesundheitlichen Auswirkungen von Umwelteinflüssen des BMU aus dem Jahr 2008 gaben 45% der Befragten an, dass ihrer Ansicht nach Autoabgase ein (sehr) großes Problem für die Bevölkerung darstellen, 37% hielten Feinstaub für (sehr) schädlich (BMU 2008).

Belastungen durch Feinstaub (PM10) führen zu einer erhöhten Gefahr von Herzkreislauf- und Atemwegserkrankungen. Auch Stickoxide, insbesondere NO_2, verursachen Erkrankungen der Atemwege. Sie sind besonders gefährlich, da sie aufgrund ihrer guten Wasserlöslichkeit in tiefere Bereiche des menschlichen Organismus dringen können. So sterben in Deutschland jährlich 25.000 Menschen an den Folgen verkehrsbedingter Emissionen (KOCH o.J.).

Daher sind in der Bundesimmissionsschutzverordnung zulässige Grenzwerte geregelt. Nach §4 der 39. Bundesimmissionsschutzverordnung (39. BImSchV) liegt der Grenzwert für PM10 im 24-Studen-Mittel bei 50 Mikrogramm/m^3. Dieser darf höchstens 35-mal im Jahr überschritten werden. Das Jahresmittel darf den Wert von 40 Mikrogramm/m^3 nicht überschreiten. §3 BImSchV besagt: „Zum Schutz der menschlichen Gesundheit beträgt der über eine volle Stunde gemittelte Immissionsgrenzwert für Stickstoffdioxid (NO_2) 200 Mikrogramm pro Kubikmeter bei 18 zugelassenen Überschreitungen im Kalenderjahr." Im Jahresmittel beträt der Grenzwert für Stickstoffdioxid (NO_2)-Immissionen 40 Mikrogramm/m^3, der für die Vegetation kritische Wert von Stickoxid (NO_x)-Immissionen liegt bei 30 Mikrogramm/m^3.

Besonders in Städten werden diese Grenzwerte aufgrund des hohen Verkehrsaufkommens aber häufig überschritten. Dadurch werden nicht nur die Gesundheit der BürgerInnen und die Vegetation gefährdet, sondern auch Gebäudefassaden beschädigt (HOBERG 2012).

2.2 Lärm

Eine weitere Belastung stellt der Verkehrslärm dar. 27% der Bundesbürger fühlen sich äußerst bis mäßig durch Straßenverkehrslärm gestört (BMU, UBA 2010).

Daher sind auch für Lärmimmissionen an Gebäuden Grenzwerte in der BImSchV festgelegt. In §2 der 16. Verordnung zur Durchführung des Bundes-Immissionsschutzgesetzes (16. BImSchV) sind „[z]um Schutz der Nachbarschaft vor schädlichen Umwelteinwirkungen durch Verkehrsgeräusche" die in Tabelle 1 dargestellten Grenzwerte festgelegt.

Tabelle 1: Immissionsgrenzwerte an Gebäuden

	Tag	Nacht
Krankenhäuser, Schulen, Kurheime, Altenheime	57 dB(A)	47 dB(A)
reine und allgemeine Wohngebiete	59 dB(A)	49 dB(A)
Kerngebiete, Dorfgebiete, Mischgebiete	64 dB(A)	54 dB(A)
Gewerbegebiete	69 dB(A)	59 dB(A)

2.3 Flächenverbrauch

In der Bundesrepublik haben die Siedlungs- und Verkehrsflächen eine Größe von 47.422 km². Davon sind 37,7% Verkehrsflächen und nur 8,2% Erholungsflächen (UBA 2011). Der Flächenverbrauch und die Landschaftszerschneidung durch Straßenbau führen zur Zerstörung von Siedlungs- und Erholungsräumen, Lebensräumen von Fauna und Flora und somit der natürlichen Lebensgrundlagen des Menschen. Wesentliches Ziel ist also die Senkung der jährlich hinzukommenden Siedlungs- und Verkehrsfläche, von 77 ha/Tag im Jahr 2010 auf 30 ha/Tag bis 2030 (HESSE 1999, BMU, UBA 2012).

2.4 Verkehrssicherheit

In Deutschland gab es im Jahr 2012 fast 2,4 Mio. Verkehrsunfälle, davon knapp 300.000 mit Personenschäden. Der Großteil der Autounfälle mit Personenschäden (206.000) ereignete sich innerhalb von Ortschaften (STATISTISCHES BUNDESAMT 2013). Denn in Innenstadtbereichen und in Wohngebieten besteht zusätzlich ein erhöhtes Unfallrisiko durch parkende Autos, die die Sicht einschränken und den zunehmenden Lieferverkehr (BMVBS 2008).

2.5 Ökonomische Effizienz

Staus, Umweltverschmutzung und Unfälle verursachen - direkt oder indirekt - hohe volkswirtschaftliche Kosten, denn die Kosten von Mobilität und Verkehr werden externalisiert. Diese werden auch von nachfolgenden Generationen getragen werden müssen (PACHMAJER 1994). In Deutschland verursachte der Verkehr im Jahr 2005 insgesamt externe Kosten in Höhe von 80,4 Milliarden Euro. Abbildung 1 zeigt die Verteilung dieser Kosten nach Kategorien bzw. Verkehrsträgern. Dabei entfallen 51% der Kosten auf Unfallkosten, 14% werden für Klimafolgeschäden aufgebracht, 12% für Lärm und 10% für Luftverschmutzung. Die Kosten für Natur und Landschaft haben einen Anteil von 4%, vor- und nachgelagerte Prozesse betragen 7% und sonstige Kosten 2%. Dabei werden 65% der Kosten durch Pkws verursacht, 15% durch Lkws, 9% durch Motorräder, 5% durch Lieferwagen, 3% durch die Bahn und weitere 3% durch Luftverkehr, Busse und die Schifffahrt. Hier wird deutlich, dass der MIV mit Abstand den größten Anteil der externen Kosten verursacht (INFRAS 2007). Bei Reduzierung des MIV und gleichzeitiger Verlagerung auf den Umweltverbund würden somit kommunale Haushalte und die regionale Wirtschaft von den externen Kosten entlastet (IFEU, GERTEC 2009).

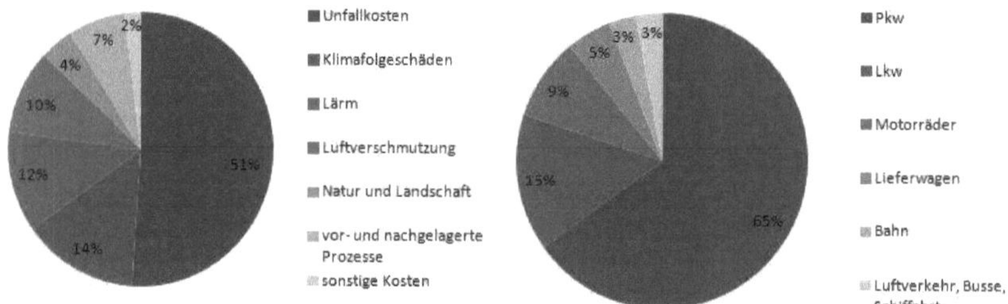

Abbildung 1: Externe Kosten des Verkehrs nach Kostenkategorien bzw. Verursachern

Quelle: verändert nach INFRAS 2007

Die Automobilindustrie hat in der deutschen Wirtschaft eine wichtige Bedeutung. Laut dem Verband der Automobilindustrie waren im Jahr 2012 742.199 Menschen in der Automobilindustrie beschäftigt (VDA 2013), rund 2,5% der sozialversicherungspflichtigen Beschäftigten in Deutschland (vgl. STATISTISCHES BUNDESAMT 2013). Damit ist die Automobilindustrie einer der größten Arbeitgeber in Deutschland. Auswirkungen auf die Automobilindustrie bei veränderter Verkehrsmittelwahl sind schwer abschätzbar, ein

Umsatzanteil von 64% (228.735 Millionen Euro) wird durch den Export erwirtschaftet (VDA 2013). Weiterhin werden die Automobilwirtschaft und die Benutzung von Pkws staatlich gefördert, beispielsweise in Form von Abwrackprämien und Pendlerpauschalen (APEL 1999).

Der ÖPNV erwirtschaftet, im Gegensatz zur Automobilindustrie, einen höheren Anteil der Wertschöpfung im Inland. Der Grund hierfür ist eine höhere Beschäftigungsintensität, ein geringerer Anteil an Vorleistungen und die Produktion des für v.a. den Bahnbetrieb benötigten Stroms, welcher, anders als Mineralöl, größtenteils im Inland gewonnen wird (ARE, ASTRA 2006). Zusätzlich würde eine Reduktion des Benzinverbauchs zu einer geringeren Importabhängigkeit von Mineralöl-Produkten führen (RYAN, TURTON 2007).

2.6 Soziale Gerechtigkeit

Ein Aspekt der sozialen Gerechtigkeit ist, dass jeder sozial in das Verkehrssystem integriert und nicht ausgegrenzt oder eingeschränkt wird (BMVBS 2008). Dabei spielt zum einen die soziale Teilhabe, zum anderen die Umweltgerechtigkeit eine Rolle. Einige Bevölkerungsgruppen haben aufgrund von mangelnder Erreichbarkeit oder geringem Einkommen einen eingeschränkten Zugang v.a. zur Automobilität. Weiterhin leiden lokal und regional auch die Menschen unter schädlichen Emissionen, die an deren Verursachung gar nicht beteiligt sind. Im globalen Maßstab sind besonders die Menschen in den Ländern des globalen Südens von den negativen Auswirkungen des Klimawandels betroffen, für den maßgeblich die Lebensstile der Menschen in den Industrieländern verantwortlich sind (GAFFRON 2010).

Menschen, die kein Auto besitzen oder keinen Führerschein haben sowie Kinder und SeniorInnen werden durch die eingeschränkten Zugangsmöglichkeiten zur Mobilität diskriminiert, die negativen finanziellen, gesundheitlichen, ökologischen und sozialen Auswirkungen tragen sie jedoch im vollen Umfang mit. Im Hinblick auf den demographischen Wandel ergeben sich hier zusätzliche Herausforderungen, Mobilität sozial gerecht zu gestalten (BMVBS 2008).

2.7 Stadtbild

Autoverkehr und Straßenbau wirken sich zudem negativ auf das Stadtbild aus (z.B. durch parkende Autos). Sie reduzieren durch den hohen Flächenbedarf und den Verlust an Aufenthaltsqualität öffentliche Freiräume. Emissionen aus dem Straßenverkehr belasten zudem Gebäudefassaden (PACHMAJER 1994).

2.8 Zwischenfazit

Aufgrund der erläuterten Problemfelder ist es unumgänglich, das Verkehrsaufkommen und deren negativen Folgen, die zu einem großen Maße vom MIV verursacht werden, zu reduzieren. Die Schaffung einer autofreien Zone kann ein erster Schritt sein, die Menschen zur Nutzung alternativer Fortbewegungsmittel anzuregen und den Autoverkehr zu reduzieren, sodass der Lebensraum Stadt für BürgerInnen, aber auch für BesucherInnen wieder zu einem Begegnungsraum statt nur einem Fortbewegungsraum wird.

3. Planerische Theorien und Maßnahmen

Zur Verringerung des Verkehrsaufkommens müssen sowohl bei der Stadtplanung als auch bei der Verkehrsplanung bestimmte Instrumente eingesetzt werden, um Voraussetzungen für nachhaltige Mobilitätsformen zu schaffen. In diesem Kapitel sollen zunächst zwei stadt- bzw. verkehrsplanerische Theorien vorgestellt werden, die Strukturen bzw. Maßnahmen, die zu einer Verkehrsvermeidung führen, erläutern (Kap. 3.1 und 3.2). Anschließend werden Maßnahmen und Instrumente der Verkehrsplanung beschrieben, die zur Reduzierung des MIV und Förderung des ÖPNV ergriffen werden sollen (Kap 3.3).

3.1 Stadt der kurzen Wege

Verkehrsvermeidung muss in erster Linie durch verkehrsvermeidende Siedlungsstrukturen, eine sogenannte „Stadt der kurzen Wege" herbeigeführt werden. Das bedeutet, dass zwischen Wohnort, Arbeitsplatz, Freizeit- und Einkaufsangeboten, die die Daseinsgrundfunktionen abdecken, eine möglichst geringe Distanz liegt (MOTZKUS 2002). Gleichzeitig sollen Neubauten von Siedlungen oder Versorgungszentren „auf der grünen Wiese" vermieden werden. So können mehr Wege zu Fuß oder mit dem Fahrrad zurückgelegt werden. Durch Nutzungsmischung, polyzentrale Stadtstrukturen, die Nachverdichtung von Flächen, Flächenrecycling, Ausrichtung städtebaulicher Maßnahmen auf das ÖPNV-Netz, Dezentralisierung von Regionen, Einführung von Bodensteuern, autofreie Wohnbereiche und die Aufwertung innerstädtischer Naherholungsgebiete können dichte und kompakte Städte und somit die notwendigen Strukturen für eine Stadt der kurzen Wege geschaffen werden (BERGMANN & LOOSE 1996).
Der Erhalt und Ausbau eines autofreien Lebens in der Stadt ist daher notwendig, um raumsparende Strukturen in Form eines guten und dichten Versorgungsnetzes zu stärken, sodass zwar häufigere, dafür aber kürzere Wege entstehen und urbane, nutzungsgemischte und angebotsreiche Standorte verkehrssparsam versorgt werden können (SCHEINER 2008).
Laut KNOFLACHER (2011) können solche stadtplanerischen Maßnahmen in Form von Strukturänderungen eine Reduzierung des MIV von 20 bis 40% bewirken.

3.2 Verkehrsanziehung vs. Verkehrsverpuffung

Lange galt der planerische Grundsatz, bei Verkehrsproblemen den Ausbau von Straßen voranzutreiben. Diese Vorstellung ist jedoch nicht mehr zeitgemäß. Straßenbau verursacht eine „Verkehrsanziehung", durch den Neubau von Straßen werden Verkehrsstauungen nicht verhindert, sondern das Verkehrsaufkommen erhöht. Je attraktiver die Angebote für den MIV sind, desto mehr Autos fahren, desto mehr Neuzulassungen gibt es (BURWITZ, KOCH, KRÄMER-BADONI 1996).
Diese Wirkung bestätigt auch eine Studie von DURANTON und TURNER aus dem Jahr 2011. Die Autoren untersuchten den Zusammenhang zwischen Straßenbau und gefahrenen Kilometern auf US-amerikanischen Straßen und stellten dabei fest, dass proportional zum Straßenbau auch das Verkehrsaufkommen steigt, hauptsächlich verursacht durch steigenden Durchgangs- und Wirtschaftsverkehr und die häufigere Autonutzung der EinwohnerInnen. Die Schlussfolgerung ist, dass die vermehrte Bereitstellung von Straßen nicht zu einer Verringerung der Verkehrsbelastung führt.
Dieser Ansatz ist nicht neu. Schon im Jahr 1972 erkannte der SPD-Politiker Hans-Jochen Vogel: „Wer Straßen sät, wird Verkehr ernten".
Zusätzlich fehlt es in vielen Städten an Platz für den Straßenausbau. So verschlechtert Straßenbau die Situation für andere Verkehrsmittel. Die Attraktivität des Fahrradfahrens sinkt mit steigender Autoanzahl aufgrund erhöhter Lärm- und Luftbelastung und Unfallgefahr. Der ÖPNV verspätet sich und wird so unattraktiver, Fahrgastzahlen sinken sodass das Angebot eingeschränkt wird. Dieser Teufelskreis führt dann zu einer weiteren Abnahme der Attraktivität des ÖPNV und daraus folgender Zunahme des MIV. Straßenbau bedeutet außerdem eine Abnahme der Lebensqualität

für BewohnerInnnen. Diese ziehen in Vororte um, sodass die Siedlungsstruktur immer weitläufiger wird. Weitere Wege sind notwendig, um Arbeits- oder Einkaufsmöglichkeiten zu erreichen, so dass verstärkt das Auto genutzt werden muss (WALLSTRÖM 2004).

Dabei lässt sich im Gegenteil bei Straßenrückbau das Phänomen der „Verkehrsverpuffung" beobachten. Dieses Phänomen belegten CAIRNS, HASS-KLAU & GOODWIN (1998) in einer Studie im Auftrag von London Transport und DETR. Sie untersuchten 60 Standorte in Großbritannien, Kanada, Tasmanien und Japan, an denen Straßenraum für den MIV entnommen und einer anderen Nutzung zugeführt wurde, so etwa Busspuren oder Fußgängerzonen aber auch einfach Straßenarbeiten. Das erwartete Verkehrschaos blieb besonders dann aus, wenn gleichzeitig Maßnahmen zur Förderung des ÖPNV durchgeführt wurden. Auf lange Sicht verringerte sich das Verkehrsaufkommen, ohne dass dabei eine Verlagerung des Verkehrs auf Nebenstraßen auftrat. Auf den Nebenstraßen fand man 14 bis 25% weniger Verkehr gegenüber dem ursprünglichen Verkehrsaufkommen auf der betroffenen Straße. Kurzfristig können zwar Staus entstehen, da die Autofahrer sich erst an die neue Situation gewöhnen müssen, mittelfristig ist allerdings eine Anpassung des Verhaltens zu erkennen. Die Menschen werden flexibler bei der Reiseplanung, weichen auf andere Transportmittel aus, überdenken die Erfordernis einer Fahrt oder kombinieren Fahrten und Transportmittel. Auf langfristige Sicht sind sogar Auswirkungen wie die Verlagerung von Aktivitäten bis hin zur Änderung von Arbeitsplatz oder Wohnort zu beobachten. Man kann also Verkehrsproblemen entgegenwirken, indem man die Straßenkapazitäten reduziert.

3.3 Push- und Pull-Maßnahmen

Um das Konzept einer autofreien Innenstadt umzusetzen, benötigt man einen integrativen und umfangreichen verkehrsplanerischen Ansatz, bei dem verschiedene Akteure auf unterschiedlichen Ebenen zusammenarbeiten, Zuständigkeiten aber trotzdem eindeutig verteilt sind, sowie bauliche, organisatorische, rechtliche und betriebliche Planungsinstrumente, sodass parallel verschiedene Maßnahmen ergriffen werden können. Maßnahmen für eine nachhaltige Mobilität betreffen nicht nur die Verkehrspolitik, sondern auch die Wirtschafts-, Umwelt-, Sozial- und Raumordnungspolitik (BECKMANN, KLÖNNE 2005). Ein Einvernehmen zwischen BürgerInnen, UnternehmerInnen, Verwaltung, Politik, PlanerInnen und anderen Institutionen ist hierbei unumgänglich. Dabei ist es besonders wichtig, die BürgerInnen von Beginn an mit in den Planungsprozess einzubinden, um die Akzeptanz einer autofreien Zone in der Innenstadt zu erhöhen. Hierzu gehören eine umfassende Öffentlichkeitsarbeit, Beteiligungs- und Informationsverfahren (BMVBS 2008).

> *„Die fast autofreien Innenstädte in Italien, wie sie etwa in Bologna [...] entstanden sind, haben ähnlich wie auch andere Vorreiter bewiesen, dass so etwa bei vorausgehender ganzheitlicher Planung möglich ist, ohne damit das Wirtschaftsleben zu belasten. [...] Nicht umsonst sind es die am wenigsten autogerechten Städte wie Amsterdam, Groningen, München, Wien, Paris, Zürich oder Stockholm, deren Stadtzentren die höchste Attraktivität aufweisen."* (VESTER 1995)

Damit das Konzept einer autofreien Innenstadt erfolgreich umgesetzt werden kann, sollen verschiedene Maßnahmen ergriffen werden um zu vermeiden, dass der aus der Innenstadt herausgehaltene Verkehr sich auf andere Stadtbereiche verlagert (BURWITZ, KOCH, KRÄMER-BADONI 1994). Hierzu reicht es nicht, einfach Gebiete in der Innenstadt für den Pkw-Verkehr zu sperren und auf weitere Maßnahmen zu verzichten. Es bedarf eines ganzheitlichen Konzepts, bei dem das Verkehrsangebot als Ganzes betrachtet wird und welches schon in Randbereichen der Stadt oder sogar im Umland umgesetzt wird, sodass die komplexen Wirkungsgefüge, Abhängigkeiten und

Konkurrenzen zwischen Stadtteilen, der gesamten Stadt und dem Verkehrsangebot berücksichtigt werden können (BMVBS 2008).

Die Herausforderung auf kommunaler Ebene besteht darin, dass Vorgaben und Verordnungen von Bund und Ländern eingehalten und umgesetzt werden müssen. Des Weiteren sind Kooperationen mit benachbarten Kreisen nötig, da der Stadt-Umland-Verkehr, wie auch in Münster, häufig Mitverursacher von städtischen Verkehrsproblemen ist (GSÄNGER 1997).

Grundsätzlich soll die Benutzung von privaten Pkws so unattraktiv wie möglich und der Gebrauch von Verkehrsmitteln des Umweltverbundes ansprechender gestaltet werden.

Um Verkehrsverlagerungen vom MIV zu Verkehrsmitteln des Umweltverbunds zu erreichen, genügt es nicht, nur die Angebote des ÖPNV, Fahrrad-, und Fuß-Verkehrs zu verbessern (Pull-Maßnahmen). Wissenschaftliche Untersuchungen zeigen, dass alleinige Maßnahmen zur Attraktivierung des Umweltverbunds das Verkehrsaufkommen sogar verstärken können. Daher sollen gleichzeitig restriktive Maßnahmen für den Pkw-Verkehr (Push-Maßnahmen) in Form von ordnungsrechtlichen (z.B. Zufahrtsbeschränkungen, Fahrverbote, Sperrungen) oder finanziellen (z.B. Straßengebühren, „City-Maut") Bestimmungen eingeführt werden, um eine umfangreiche Verkehrsverlagerung zu induzieren (CERWENKA 1996). Der notwendige Verkehr soll durch verkehrssteuernde Maßnahmen möglichst verträglich abgewickelt werden und das gesamte Vorgehen durch intensive Öffentlichkeitsarbeit flankiert werden. Zusätzlich müssen schon im Voraus verkehrsvermeidende Stadtstrukturen geschaffen werden, sodass die Benutzung eines Pkws gar nicht mehr notwendig ist (s. Kap. 3.1 „Stadt der kurzen Wege").

Nachfolgend sollen einige Beispiele für Push- und Pull-Maßnahmen vorgestellt werden.

3.3.1 Restriktive Maßnahmen für den Autoverkehr

Bei den Push- Maßnahmen handelt es sich um Restriktionen für den Autoverkehr. Diese können räumlich, zeitlich oder monetär erfolgen und beziehen sich auf drei Bereiche, nämlich Verringerung des Straßenraums für den MIV, mengenmäßige und finanzielle Bewirtschaftung des Parkraums sowie die Beeinflussung der Fahrweise durch die Gestaltung des Straßenraums und verkehrsregelnde Maßnahmen (BAIER 1997). Solche Maßnahmen sollen stets schrittweise erfolgen, um die Akzeptanz der BürgerInnen gewinnen zu können (WALLSTRÖM 2004).

Monetäre Maßnahmen bedeuten eine Verteuerung des MIV. Hierzu können beispielsweise Straßennutzungsgebühren in Form einer City-Maut erhoben oder die Parkgebühren erhöht werden. Es ist jedoch anzumerken, dass monetäre Maßnahmen im Hinblick auf die soziale Gerechtigkeit nicht so verträglich sind wie Zufahrtsbeschränkungen (CRAWFORD 2004).

Der Straßenraum für den MIV kann durch permanente oder temporäre räumlich und/oder zeitlich begrenzte Zufahrtsbeschränkungen und -verbote verringert werden. Des Weiteren können Fahrspuren dem Bus- und Fahrradverkehr vorbehalten werden, sodass für den MIV weniger Raum zur Verfügung steht (WALLSTRÖM 2004).

Der Rückbau oder die Einschränkung von Parkmöglichkeiten ist eine weitere Push-Maßnahme, um die Benutzung des privaten Pkws möglichst unattraktiv zu gestalten.

> *„Innenstädte, die zu stark aufs Auto setzen, konkurrieren dort, wo sie keine Chance haben, und verpassen ihre Chance da, wo sie stark sind, nämlich in ihrer Besonderheit und ihrem eigenen Flair. So zeigt sich, dass in den meisten Städten die Flächen für den Autoverkehr begrenzt werden müssen. Dies gilt insbesondere für den ruhenden Verkehr. Damit wird Parkraum ein knappes Gut, das bewirtschaftet werden muss]."* (VESTER 1995)

Dazu braucht es ein wirksames Parkraummanagement, was bedeutet, dass kostenlose Parkmöglichkeiten vermieden werden sollen, Liefer- und Wirtschaftsverkehr im öffentlichen

Straßenraum Vorrang vor dem privaten Verkehr hat und ein flächendeckendes Anwohnerparken mit Parkausweisen eingeführt wird. Der Einkaufs- und Besorgungsverkehr darf dadurch dennoch nicht beeinträchtigt werden, sodass der Einzelhandel darunter leidet. Parkhäuser und Parkplätze müssen in fußläufiger Erreichbarkeit vorhanden sein, Wege in die Innenstadt attraktiv gestaltet und Parkgebühren beispielsweise an den ÖPNV-Tarif angepasst werden (BERGMANN, LOOSE 1996). Des Weiteren sollen Parkgebühren in Abhängigkeit von der Zentralität der Lage oder auch der Tageszeit erhoben werden, jedoch ohne dass das Angebot unübersichtlich wird (EICHENBERGER 1994). Denkbar wäre außerdem die kostenlose Nutzung von ÖPNV- Angeboten mit dem Parkticket. Eine Limitierung der Parkplätze kann dazu beitragen, dass mehr Menschen auf öffentliche Verkehrsmittel umsteigen, wenn das Angebot attraktiv gestaltet ist (WALLSTRÖM 2004). Untersuchungen von EICHENBERGER (1994) in Basel zeigen aber auch, dass eine alleinige Reduzierung des Stellplatzangebots den Suchverkehr erhöht. Dieser sollte durch dynamische und sektorale Parkleitsysteme verringert werden (CRAWFORD 2004). Erst wenn gleichzeitig Parkraum verringert und Gebühren auf den verbleibenden Parkraum erhoben werden, verringert sich die Nachfrage nach Parkplätzen und somit auch der Suchverkehr. Gebührenerhöhungen verursachen vor allem einen Rückgang der Nachfrage bei Langzeitparkern, d.h. beim Vergnügungs-, Besuchs-, Geschäfts- und Pendlerverkehr (EICHENBERGER 1994). Ziele einer nachhaltigen Parkraumbewirtschaftung sollen die Lenkung, jedoch nicht Einschränkung der Mobilität sein. Pkw-Verkehr wird ermöglicht, die Verkehrsmittelwahl soll aber zugunsten des Umweltverbunds beeinflusst werden. Trotzdem muss gewährleistet werden, dass alle Standorte bequem erreicht werden können und sich jeder in der Parkordnung zurechtfindet (BERGMANN, LOOSE 1996).

Zur Beeinflussung der Fahrweise gibt es verkehrssteuernde Maßnahmen, die eine verträglichere Abwicklung des notwendigen Verkehrs ermöglichen und vor allem zur Verringerung der Lärm- und Schadstoffbelastung führen sollen. Hierzu gehören die Steuerung von Ampelanlagen, Geschwindigkeitsbegrenzungen, die Erhöhung der Transportleistung durch Mehrbesetzung von Fahrzeugen und Umweltzonen.
Mit der Einrichtung von „Grünen Wellen" kann die Lärmbelastung verringert werden, da Anfahr- und Abbremsvorgänge vermindert werden. Laut VESTER (1995) tragen solche computergesteuerten Ampelanlagen jedoch nicht zur Schadstoffentlastung bei, da sie den Verkehr verflüssigen und so aufgrund des vereinfachten Durchkommens weiteren Verkehr anziehen. Vorteilhafter sind hier Geschwindigkeitsbegrenzungen wie die flächendeckende Einführung von Tempo-30-Zonen, denn auch sie verbessern den Verkehrsfluss durch Unterbindung unnötiger Abbrems- und Anfahrvorgänge und tragen gleichzeitig zu verringerten Lärm- und Schadstoffemissionen bei. Sie entfalten jedoch erfahrungsgemäß nur ihre Wirkung, wenn deren Einhaltung regelmäßig und konsequent überwacht wird (BERGMANN, LOOSE 1996). Durch flächendeckende Verkehrsberuhigungen können die Durchschnittsgeschwindigkeit und die Zahl der Verkehrsunfälle gesenkt werden (BAIER 1997).
Zur Verringerung des Verkehrsaufkommens ist außerdem die Mehrbesetzung von Fahrzeugen sinnvoll. Dies kann auf verschiedene Arten funktionieren. Sammeltaxen haben den Vorteil, dass die Fahrgäste einen geringeren Preis zahlen. Durch die volle Auslastung der Fahrzeuge kommt es zwar zu weniger Fahrten, was die Straßen entlastet, es kann aber trotzdem ein Zugewinn für die Taxiunternehmen bedeuten, da sich die Menschen aufgrund des Preisvorteils schneller für eine Taxifahrt entscheiden. Anruf- Sammel- Taxen (AST) werden bedarfsgerecht eingesetzt um unterbesetzte Busfahrten zu ersetzen. So werden gleichzeitig Kosten für den ÖPNV gespart (VESTER 1995). Des Weiteren kann die Bildung von Fahrgemeinschaften in großem Maße zur Entlastung der Straßen beitragen. Denkbar wäre eine finanzielle Belohnung für das Mitnehmen von anderen Leuten, um so den Anreiz zur Bildung von Fahrgemeinschaften zu erhöhen (BERGMANN, LOOSE 1996). Durch Angebote wie Car-Sharing oder Stadtteilautos müssen sich BewohnerInnen kein eigenes Auto kaufen. Sie fördern auch die Nutzung alternativer Verkehrsmittel, da das Auto nicht mehr direkt erreichbar vor der Haustür steht (VESTER 1995).

Zusätzlich kann die Luftqualität in Städten durch die Einführung von Umweltzonen verbessert werden. Verkehrsbeschränkungen treten hier ein, wenn ein bestimmter Grenzwert überschritten wird (BERGMANN, LOOSE 1996).

3.3.2 Förderung des Umweltverbunds

Neben Restriktionen für den privaten Autoverkehr soll durch verschiedene Pull- Maßnahmen der Umweltverbund attraktiv gestaltet werden, sodass die Menschen sich nicht eingeschränkt fühlen und in ihrer Mobilität beeinträchtigt werden (CERWENKA 1996).
Die Verkehrsmittel des Umweltverbunds sind auf Stadtteilebene viel schneller als der MIV, besonders in Ballungszentren und zu Hauptverkehrszeiten. Zudem sind Umweltbelastungen und Energieverbrauch gegenüber dem Pkw-Verkehr deutlich geringer (FÜSSER 1997). Im Folgenden werden Maßnahmen in den Bereichen Öffentlicher Personennahverkehr (ÖPNV), Fahrradverkehr, Fußgängerverkehr und Mobilitätsmanagement beschrieben.

Der ÖPNV soll beschleunigt werden. Dazu gehören die Einführung von Busspuren und eine vorrangige Ampelschaltung für den Busverkehr. Zusätzlich soll die Infrastruktur ausgebaut werden, sodass es kurze Taktzeiten, ein dichtes Liniennetz und viele Haltestellen gibt (CRAWFORD 2004). Die Gestaltung des Umfelds der Haltestellen ist hierbei besonders wichtig. Ein autofreies Umfeld von Haltestellen erhöht die Akzeptanz des zu Fußgehens und steigert die Zahl der Benutzer um das Dreifache. Wichtig ist außerdem, dass Haltestellen genauso gut erreichbar sind wie Parkplätze (KNOFLACHER 2011).
Die verschiedenen Verkehrsmittel des ÖPNV sollen untereinander gut verknüpft werden, indem die Fahrpläne von Bus- und Bahnverkehr aufeinander abgestimmt werden (WOLTERS 2002). Der Übergang zwischen MIV und Umweltverbund soll erleichtert werden, indem Park + Ride (P+R)- Angebote ausgebaut werden. Diese können jedoch zu einer Verlagerung des Verkehrs von der Innenstadt in die Stadtrandgebiete führen, wenn der ÖPNV dort nicht ausgebaut oder sogar vernachlässigt wird, die Menschen zur Benutzung des Autos gezwungen sind und so die gesamte Strecke mit dem Pkw zurücklegen, statt unterwegs umsteigen (VESTER 1995).
Des Weiteren ist die umfangreiche Kommunikation und Information in Form von übersichtlichen Fahrplänen, Anzeigetafeln oder per Internet erforderlich, sodass auch Verspätungen kommuniziert werden können (WOLTERS 2002).
Zur weiteren Attraktivitätssteigerung sollte der ÖPNV, vor allem für Zielgruppen wie Jugendliche, Senioren und sozial benachteiligte Menschen, barrierefrei und kostengünstig gestaltet werden, beispielsweise in Form preiswerter Zeitfahrkarten im Schüler- und Berufsverkehr (WEINREICH 2004).
Besonders vorteilhaft im Stadtverkehr sind Straßenbahnen, da sie aufgrund der für sie vorbehaltenen Schienenwege besonders schnell und pünktlich sind. Für die Errichtung eines Straßenbahnnetzes sind zwar hohe Investitionen notwendig, in der Unterhaltung sind Straßenbahnen jedoch kostengünstiger und rentabler als Busse, denn die Kosten betragen pro Kilometer nur 1/10 gegenüber dem Busverkehr, die Beförderungsleistung ist gleichzeitig doppelt so hoch. Straßenbahnen verursachen außerdem weniger Lärm und keine schädlichen Abgase, sie besitzen ein hohe Betriebssicherheit und urbanen Charakter (WOLF 2007).
Auch Modelle eines kostenlosen ÖPNV unterstützen den Umstieg auf den Umweltverbund und können den oftmals unterfinanzierten ÖPNV wirtschaftlich tragfähig machen. So gibt es in einigen europäischen Städten kostenlose ÖPNV-Modelle, die entweder durch Beiträge in Form einer nach dem Einkommen gestaffelten Nahverkehrsabgabe der BürgerInnen oder durch Steuern aus kommunalen Haushaltsmitteln finanziert werden (BATTISTINI 2012).
Zur Förderung des Fahrradverkehrs ist eine integrierte Radverkehrsplanung notwendig (s. Abb. 2), welche die Infrastruktur, die Verkehrssicherheit, die Kommunikation, den Tourismus, die Elektromobilität, die Verknüpfung mit anderen Verkehrsmitteln und die Verkehrserziehung ausbaut bzw. fördert (BMVBS 2012). Nach BUBA, GRÖTZBACH & MONHEIM (2010) ist eine flächendeckende Radverkehrsförderung als gleichwertiger Partner in der Verkehrsplanung von

Nöten, um die lokale Fahrradkultur zu fördern und so die Aspekte der Nachhaltigkeit, Sicherheit, Wohn- und Lebensqualität, Gesundheit und Kosteneffizienz miteinander zu verbinden.

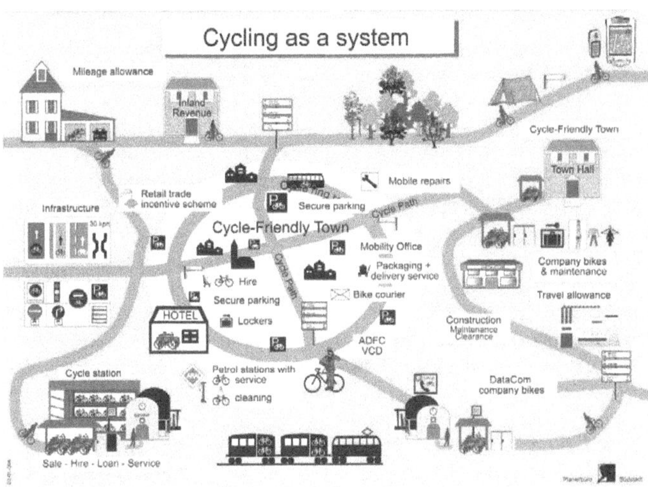

Abbildung 2: Cycling as a system   *Quelle: Difu 2012*

Der Ausbau der Infrastruktur soll durchgängige Verbindungen, eine einheitliche Wegweisung und Abstellanlagen (z.B. in Form von Radstationen) gewährleisten (ebd.). Hierbei ist auch ein finanzieller Vorteil gegeben, denn Radwegebau ist billiger als Straßenbau (APEL 1999). Weitere Serviceangebote wie mobile Navigationssysteme, Fahrradleasing, öffentliche Luftpumpen, Reparaturangebote, Waschanlagen, Lieferservices, Infotafeln, Schutzhütten, das Angebot von Leihfahrrädern oder Lademöglichkeiten für E-Bikes tragen zur Radverkehrsförderung bei (BMVBS 2012).

Ein weiteres Handlungsfeld ist die Verbesserung der Verkehrssicherheit, welche zum einen durch Verkehrsregelung und technische Maßnahmen, zum anderen durch Mobilitäts- und Verkehrserziehung verbessert werden kann (ebd.).

Das Fahrrad kann zudem gut im Wirtschaftsverkehr eingesetzt werden, zum Transport von Personen und Waren oder für Kurier- und Botendienste (ebd.).

Die Fahrradmitnahme im ÖPNV (BMVBS 2012) und die Bereitstellung von Bike + Ride-Anlagen trägt zu einer verbesserten Verknüpfung der verschiedenen Verkehrsmittel des Umweltverbunds bei, sodass durch Kombination von Verkehrsmitteln Pkw-Fahrten vermieden werden können. Im Gegensatz zu P+R-Plätzen ist der Flächenverbrauch viel geringer und dicht besiedelte urbane Räume können so gut mit ländlichen Gebieten, in denen der ÖPNV oftmals ökonomisch nicht tragfähig ist, verknüpft werden. Wichtige Kriterien bei der Gestaltung von B+R-Plätzen sind insbesondere die Benutzerfreundlichkeit, die Anzahl der Abstellplätze, Witterungsschutz, Diebstahlsicherheit, Beleuchtung, Optik und Sauberkeit (BICKELBACHER 2002).

Das Fahrrad leistet einen großen Beitrag zur hohen Lebensqualität in der Stadt, denn es verursacht weder Lärm noch Abgase und hat einen geringen Platzbedarf von 9m^2/Person - ein Auto hingegen benötigt 120m^2 Fläche/Person. So können auf einem Autoparkplatz zehn Fahrräder abgestellt werden (STADT MÜNSTER, AMT FÜR STADTENTWICKLUNG, STADTPLANUNG, VERKEHRSPLANUNG, PRESSE- UND INFORMATIONSAMT 2009). Der Radverkehr trägt in großem Maß zur Verbesserung der Leistungsfähigkeit des gesamten Verkehrssystems bei, denn es reduziert nicht nur die Verkehrsbelastung, sondern schafft gleichzeitig Freiräume für den Kfz-Verkehr. Für die Garantierung der Mobilität ist das Fahrrad ein wichtiger Bestandteil, denn neben den ökologischen und flächensparenden Vorteilen ist es außerdem ein besonders nachhaltiges

Verkehrsmittel, denn Rad fahren fördert die Gesundheit, die Kommunikation der BürgerInnen, macht Spaß und ist erholsam und das für Menschen jeden Alters (BICKELBACHER 2002).

Zur Förderung des Fußgängerverkehrs sollen ein durchgehendes Wegenetz, Fußgängerzonen, verkehrsberuhigte Bereiche und freie, also breite und von parkenden Autos befreite, Gehwege bereitgestellt werden. Auch Ampelschaltungen sollen an den Fußgängerverkehr angepasst sein und ein zügiges und sicheres Fortkommen gewährleisten (BERGMANN, LOOSE 1996).

Insgesamt ist es also wichtig, die verschiedenen Verkehrsmittel des Umweltverbunds untereinander und den Umweltverbund mit dem MIV gut zu verknüpfen und intermodale Angebote zur Verfügung zu stellen, beispielsweise Umsteigeanlagen, Kombitickets und aufeinander abgestimmte Fahrpläne (WOLTERS 2002). Zur Förderung der Benutzung nachhaltiger Mobilitätsformen, v.a. im Pendlerverkehr, sollen Versorgungseinrichtungen und Arbeitsplatzstandorte mit dem ÖPNV-System verknüpft werden (HESSE 1999).

Dabei kann ein sogenanntes Mobilitätsmanagement helfen, ein zielgruppen- und wegespezifischer, nachfrage-orientierter Ansatz zur Anregung und Förderung einer effizienten, umwelt- und sozialverträglichen, nachhaltigen Mobilität, das die Befriedigung der Mobilitätsbedürfnisse des Individuums sichert. Hierbei werden „harte" und „weiche" Maßnahmen aufeinander abgestimmt, also neben infrastrukturellen, preispolitischen oder rechtlichen Eingriffen sogenannte „Soft Policies" eingesetzt. Diese nutzen Maßnahmen der Information, Kommunikation, Organisation und Koordination und sollen hierdurch Nutzungshemmnisse ermitteln und abbauen und durch kundenorientiertes Marketing Einstellungen beeinflussen, sodass die Nutzung bestehender Angebote gefördert wird (GAFFRON 2010, GÖTZ 1999, WÜRDEMANN 2011).

Besonders zu berücksichtigen sind soziale Ungleichheiten und Milieus, denn der materielle Wohlstand, Wohn-, Arbeits-, Freizeit- und andere Standorte sowie deren Vernetzung mit dem Verkehrssystem haben einen erheblichen Einfluss auf die Übertragung des eigenen Informationsstands auf das tatsächliche Verhalten und die Wahl des Verkehrsmittels. So sollen die Lebensstile, Art der Aktivitäten und Mobilitätsbedürfnisse potentieller KundInnen der Ansatzpunkt für eine nachhaltige Verkehrsplanung sein (DANGSCHAT, SEGERT 2011).

Die Kooperation zwischen verschiedenen Akteuren (Betriebe/Unternehmen, Kommunen, ÖV-Betreibern, Berufsverbänden), Standortbezug (Kombination aus Ticket-Angeboten, Reise-/ Netzinformationen, alternative Mobilitätsangeboten) und die Einrichtung von Mobilitätszentralen als Schnittstelle zur kundenfreundlichen Bündelung der verkehrsmittel- und verkehrsträgerübergreifenden Informationen sollen eine koordinierte Vernetzung und Abstimmung der Aktivitäten und Akteure ermöglichen, sodass alle Einzelmaßnahmen in ein Gesamtkonzept integriert werden können (BMVBS 2008, KEMMER 2001).

Dabei ist eine Institutionalisierung des Mobilitätsmanagements mit der Öffentlichen Hand als Organisator hilfreich, denn diese agiert produktunabhängig und -übergreifend. Sie ist zum Einen Anbieter von Know-How und Vermittlungsdienstleistungen und tritt gleichermaßen als Finanzierer und Nachfrager auf (SCHREINER 2002).

Auch in der städtischen Verwaltung und in privaten Betrieben ist ein Mobilitätsmanagement sinnvoll, um MitarbeiterInnen zum Umstieg auf den Umweltverbund anzuregen und die Benutzung umweltfreundlicher Verkehrsmittel zu fördern (GÖTZ 1999).

3.3.3 Öffentlichkeitsarbeit

Für die durch den MIV verursachten Probleme muss ein öffentliches Bewusstsein geschaffen werden, da sich viele Menschen der Ausmaße dieser Problemstellungen nicht bewusst sind (HOBERG 2012). Eine umfassende Konsultation und Kommunikation mit den BürgerInnen ist daher unumgänglich (WALLSTRÖM 2004).

Politische Entscheidungen werden von Bürgerinnen und Bürgern häufig als Eingriff in private Entscheidungen wahrgenommen, sodass mit einer guten Öffentlichkeitsabreit von Beginn an dagegen gesteuert werden kann, und zwar nicht durch Überzeugungsarbeit, sondern durch Betonung der Vorteile einer nachhaltigen Mobilität. Alle Interessensgruppen sollen in den Kommunikationsprozess mit eingebunden werden. Besonders schwer zu mobilisierende Gruppen der Bevölkerung wie Frauen, Kinder, SeniorInnen und sozial benachteiligte Menschen sollen intensiv in den Planungsprozess integriert werden (GSÄNGER 1997). Hierzu gibt es eine Reihe von organisatorischen Maßnahmen, die ergriffen werden können.

Die Einrichtung von Mobilitätszentralen erleichtert die Kommunikation und Information für BürgerInnen (SCHREINER 2002), da sie als Anlaufstelle für jegliche Fragen und Probleme dienen und alle Dienstleistungen und Angebote unter einem Dach bündeln (vgl. Kap. 3.3.2).
Ein Direktmarketing kann die Werbung für den Umweltverbund unterstützen. Dabei wird vor allem auf eine „direkte, personenbezogene Kommunikation" und einen „gemeinsame[n] Dialog zwischen dem Marketingteam und den Bürgern" gesetzt. Dies ist zwar mit relativ hohen Kosten verbunden, kann jedoch durch steigende Einnahmen im ÖPNV ausgeglichen werden (BUBA, GRÖTZBACH UND MONHEIM 2010).
Durch Formen der symbolischen Vermittlung wie Lieder, satirische Texte, Cartoons, Zeichnungen oder Werbespots werden bei den Menschen Emotionen oder Assoziationen hervorgerufen und somit, ohne zu moralisieren oder belehren zu wollen, Nachdenklichkeit oder persönliche Betroffenheit herbeigeführt (ebd.). Auch umwelt- und verkehrspädagogische Maßnahmen fördern die Akzeptanz von nachhaltigen Mobilitätskonzepten.
Nutzer und Gestalter des ÖPNV sollen zu einer Verhaltensänderung gebracht werden, indem individueller und kommunaler Nutzen in den Mittelpunkt gestellt und die Ziele transparent dargestellt werden (GÖTZ 1999).

3.4 Zwischenfazit

Insgesamt muss bei der Einführung einer autofreien Zone in der Innenstadt die komfortable Erreichbarkeit gewährleistet werden, sodass die Betroffenen die Sperrung für den privaten Autoverkehr nicht als Einschränkung, sondern vielmehr als Bereicherung empfinden.
Die Voraussetzungen für eine funktionstüchtige autofreie Innenstadt sind demnach attraktive Einkaufs- und Kulturangebote, die ansprechende Ausgestaltung von Straßen, Plätzen und Gebäuden, die Betonung von stadttypischen Charakterzügen und Qualitäten, ein guter ÖPNV, eine gute Parkraumbewirtschaftung sowie Rad- und Fußwegeinfrastruktur (VESTER 1995).
Im Hinblick auf die Theorien der Verkehrsanziehung und Verkehrsverpuffung kann davon ausgegangen werden, dass bei einer Sperrung von Bereichen in der Innenstadt, also Einschränkung des Straßenraums, für den MIV und gleichzeitigem Rückbau von Parkraum die Menschen auf alternative Fortbewegungsmittel zurückgreifen werden. Dafür müssen dann die Angebote des Umweltverbunds ansprechend gestaltet werden. Das bedeutet vor allem eine bedarfsgerechte Takt- und Netzdichte des ÖPNV, der schon im Umland zum Umstieg anregt und dort ausgebaut wird und parallel zu den ergriffenen verkehrsinfrastrukturellen Maßnahmen eine gute Öffentlichkeit mit der Möglichkeit zur demokratischen Partizipation der BürgerInnen.

4. Umsetzung

In vielen deutschen und europäischen Städten werden schon seit längerem Stadtentwicklungskonzepte umgesetzt, die zu einer Verringerung des MIV und einer Verhinderung der Abwanderung der Bevölkerung ins Umland führen sollen (HESSE 1999). Seit den 70er Jahren gibt es erste Ansätze, den MIV aus den Innenstädten fernzuhalten. Dies begann mit der Einführung von Fußgängerzonen, die sich entgegen anfänglicher Kritik als Erfolg herausstellten, später wurden auch ganze Kernbereiche von Altstädten gesperrt oder Nutzungsgebühren eingeführt (WOLF 2007). Im Folgenden sollen einige gelungene Beispiele für die erfolgreiche Umsetzung von autofreien Zonen in Innenstadtbereichen und weiterer verkehrsvermeidender Maßnahmen vorgestellt werden.

In Bologna wurde aufgrund extremer Luftverschmutzung und eines starken Verkehrsaufkommens im Berufsverkehr die Einfahrt in den Stadtkern von 7 bis 20 Uhr untersagt. Ausnahmeregelungen gab es unter anderem für die AnwohnerInnen, deren Zufahrtsberechtigung, ähnlich der Umweltplakette, mit einem Aufkleber deutlich gemacht wurde (BURWITZ 1992).

In Lübeck wurde die Sperrung der Altstadt schrittweise eingeführt. Seit 1989 war die Altstadt an ausgewählten Wochenenden für den Autoverkehr gesperrt, ab 1990 galt diese Regelung an allen Wochenenden. Der Umsetzung ging ein langwieriger Prozess voran, bei dem zwischen allen betroffenen Gruppen vermittelt wurde. Schließlich wurde das Vorhaben mit relativ einfachen Mitteln umgesetzt: Es wurden Verbots- und Informationsschilder an den Eingangsstraßen aufgestellt und Informationskampagnen in den Medien durchgeführt. Ausnahmeregelungen gab es für AnwohnerInnen, Behinderte, Hotelgäste, den Lieferverkehr, Mietwagen und Taxis (BURWITZ 1992). Vor Einführung der autofreien Altstadt wurden im Verkehrsplan schon die Grundlagen gesetzt, wie die Herausnahme des Durchgangsverkehrs, ein neues Parkraumkonzept mit Anwohnerparken, eine Tempo-30-Zone in der Altstadt, Förderung des Radverkehrs und des Linienbusbetriebs sowie die Umgestaltung von Straßen und Plätzen. Mit der Einführung der autofreien Altstadt sollten die BesucherInnen zwischen unterschiedlichen Verkehrsmitteln wählen können. Zur Attraktivitätssteigerung des Fußverkehrs wurden alle Ampelanlagen ausgeschaltet. Für Radfahrer galten Sonderregelungen (z.B. an Einbahnstraßen) und die Abstellmöglichkeiten wurden verbessert. Das Netz und die Taktdichte der Buslinien wurden optimiert, sowie ein kostenloser P+R-Service angeboten. Für den P+R-Service wurden an Wochenenden nicht benötigte Firmen- und Behördenparkplätze genutzt und am Altstadtrand 600 öffentliche, mit dem Pkw anfahrbare Stellplätze angeboten (SCHÜNEMANN 1997).

Auch in Aachen wurde seit 1991 die Altstadt an Samstagen temporär von 10 bis 17 Uhr für den Autoverkehr gesperrt. Ausnahmeregelungen für den ÖPNV, Taxis, AnwohnerInnen, Servicefahrzeuge und Hotelgäste erlaubten diesen Personen die Zufahrt zur Altstadt. Zwei zentrale Parkhäuser in der Innenstadt wurden gesperrt, die übrigen konnten angefahren werden. Das Projekt „fußgängerfreundliche Innenstadt" war Teil eines Gesamtprojekts zur Verkehrsverlagerung und eingebunden in verschiedene Maßnahmen zur Radverkehrs- und ÖPNV-Förderung, Parkraumbewirtschaftung oder Gepäck-Aufbewahrungs-Service (POTH 1997). Zu den Parkhäusern wurden Erschließungsschleifen eingerichtet, sodass die Erreichbarkeit gewährleistet war. Es wurden 10.000 neue P+R-Plätze gebaut, ein Parkleitsystem wurde eingerichtet und es galten Sondertarife für den ÖPNV (FÜSSER 1997, SEEWER 1997). Als „Ersatz" wurde ein langer Donnerstag mit verlängerten Geschäftsöffnungszeiten eingeführt. Ein schlecht durchgeführtes Marketing und die darauffolgende ablehnende Berichterstattung schafften ein negatives Image Aachens als Einkaufsstadt. Die daraufhin eingeführten Verbesserungen wie die dauerhafte Verkehrsberuhigung der Innenstadt, der Ausbau des Parkleitsystems, ein Schleifensystem zur Vermeidung des Durchgangsverkehrs und gleichzeitiger Sicherstellung der

Erreichbarkeit aller Orte in der Innenstadt sowie der Ersatz wegfallenden Parkraums konnten die Probleme jedoch weitgehend lösen (MAHNKE 1997, SEEWER 2000).

In Kopenhagen wurde im Jahr 1962 erstmals ein Fußgängerbereich eingerichtet und bis heute schrittweise auf eine Fläche von 96.000 m² ausgeweitet. Mit einer integrierten Verkehrsplanung wurden mehrere Maßnahmen parallel ergriffen. Die Anzahl der Parkplätze wurde limitiert und die Parkgebühren erhöht. Außerdem wurde die Anzahl der Autospuren auf den Straßen reduziert und dem Bus- und Radverkehr vorbehalten und der Durchgangsverkehr begrenzt. Gleichzeitig wurden Straßenbahn-, Bus- und Fahrradinfrastruktur weiterentwickelt und gefördert (WALLSTRÖM 2004).

In der belgischen Stadt Ghent wurde 1997 ein Mobilitätsplan umgesetzt, um dem Problem des hohen Autoverkehrs entgegenzuwirken. Ziel war die Sperrung des Stadtzentrums für jeglichen Verkehr in Verbindung mit Verkehrsmanagementstrategien zur Erreichbarkeit der Innenstadt und Förderung des Umweltverbunds. Mit der Implementierung einer Fußgängerzone wurde der gesamte MIV aus der Innenstadt ausgeschlossen und so mehr Raum für die Verkehrsmittel des Umweltverbunds geschaffen. Eine "Parkroute" rund um diesen Bereich und ein Parkleitsystem sollen den Autoverkehr möglichst gut zu Stellplätzen leiten. Im gesamten Stadtzentrum wurde eine verkehrsberuhigte Zone eingeführt und die Geschwindigkeit auf 5 km/h begrenzt. Gebäude, Straßen und Plätze wurden renoviert und somit die gesamte Aufenthaltsqualität erheblich aufgewertet. Die Einhaltung der neuen Verkehrsregelungen wurde durch die Polizei überwacht und Regelverstöße bestraft (WALLSTRÖM 2004).

Auch in Nürnberg wurden seit 1966 aufgrund starker Luftverschmutzung, dem Verfall von historischen Gebäuden, Gesundheitsproblemen und starker Verkehrsbelastung stufenweise Fußgängerzonen in der Innenstadt eingeführt. Schrittweise wurden immer mehr Durchgangsstraßen für den MIV gesperrt, für den ÖPNV, Taxis und Fahrradfahrer war die Durchfahrt weiterhin erlaubt. Parallel wurden Maßnahmen ergriffen, um die Erreichbarkeit der Innenstadt zu gewährleisten, z.B. indem die U-Bahn ausgebaut und Parkplätze verlagert wurden. Straßen, Gassen und Plätze wurden fußgängerfreundlich und ansprechend umgestaltet. Nach einer langfristigen integrierten Planung und umfangreichen Konsultation wurde im Jahr 1989 die Innenstadt komplett für den Autoverkehr gesperrt. Im letzten Ausbauschritt 1992 wurde die gesamte Altstadt zu einer Tempo-30-Zone und in ein schleifenförmiges Erschließungssystem mit fünf Zellen eingeteilt, sodass von dem ringförmig um die Altstadt verlaufenden Hauptstraßensystem die Zufahrt für den Lieferverkehr und zu den Parkhäusern ermöglicht wurde, jedoch nicht zwischen den einzelnen Zellen. Zusätzlich wurden hohe Parkgebühren und eine Stellplatzbegrenzungssatzung eingeführt (SEEWER 1997). Nach einer anfänglichen Orientierungsphase mit Verkehrsstauungen, lösten diese sich nach einer kurzen Eingewöhnungszeit jedoch auf (ACHNITZ 1997). Ein intensives Monitoring, Studien und Entwicklungskonzepte erlaubten die Überwachung der Entwicklungen und rasche Reaktion auf nötige Anpassungsmaßnahmen (WALLSTRÖM 2004).

4.1 Zwischenfazit

Die vorgestellten Beispiele verdeutlichen, dass bei Maßnahmen zur Verkehrsverlagerung und der Einführung von autofreien Zonen wichtige Aspekte und Planungsschritte stets beachtet werden müssen. Erfolgskriterien für alle Projekte sind vor allem gute planerische Grundlagen und eine langfristige Konzeption, der Einbezug der betroffenen Menschen in die Planung, eine gute Organisation der Verwaltung, die Konflikte lösen konnte sowie eine umfangreiche Öffentlichkeitsarbeit (SEEWER 1997).
Zunächst sollten vor der Umsetzung Konsultations- und Kommunikationsprozesse mit allen betroffenen Interessensgruppen („Stakeholdern") stattfinden. In öffentlichen und

gruppenbezogenen Treffen sollten über jeden Planungsschritt umfangreiche Informationen vorgelegt werden. Wichtig ist vor allem ein langfristiges Planungskonzept und politische Unterstützung.

Die Veränderungen sollten schrittweise umgesetzt werden, damit die betroffenen Menschen nicht überfordert sind, sondern sich an die verändernde Situation langsam gewöhnen können. Dazu sind auch Aktionstage wie ein „Autofreier Sonntag" oder europaweite Aktionen wie die „Mobility Week" oder der „Car-free Day" hilfreich.

Während der Umsetzung ist eine Bestandsaufnahme vor und nach den Maßnahmen in regelmäßigen Abständen wichtig, um ein wirksames Monitoring durchzuführen und Fortschritte und Erfolge zu demonstrieren. Modelle können bei der Umsetzung und Visualisierung helfen.

Parallel zu restriktiven Maßnahmen für den MIV, wie z.B. Verringerungen des Fahrraums, soll der Umweltverbunds ausgebaut und gefördert und das Stadtbild aufgewertet sowie die Erreichbarkeit der Innenstadt gewährleistet werden.

Zur Öffentlichkeitsarbeit helfen Bündnisse mit lokalen Institutionen und Unternehmen sowie der Gebrauch unterschiedlichster Medienformate (Broschüren, Plakate, Radio, Fernsehen, Internet etc.), auch Maskottchen oder Slogans eigenen sich gut.

In den meisten Fällen zeigte sich, dass nach einer mit Schwierigkeiten verbundenen Anfangsphase die Veränderungen von der Mehrheit der betroffenen Menschen akzeptiert und befürwortet wurden (WALLSTRÖM 2004).

Die vorgestellten Strategien und Maßnahmen zur Umsetzung von Konzepten autofreier Innenstädte sollen positive Anreize und Ideen sein, wie solche Entwürfe umgesetzt werden können. Dabei sind grundlegende und allgemeine Aspekte zu beachten, im Konkreten braucht es aber selbstverständlich ein auf jede Stadt individuell zugeschnittenes Konzept und Maßnahmen, die entsprechend der stadt- und verkehrsstrukturellen Voraussetzungen gezielt umgesetzt werden können.

5. Auswirkungen

Im folgenden Kapitel sollen die Veränderungen nach der Einführung autofreier Zonen hinsichtlich Verkehrsaufkommen und Modal Split (Verkehrsmittelwahl) (Kap. 5.1), Schadstoff- (Kap. 5.2) und Lärmemissionen (Kap. 5.3) und dem Einzelhandel (Kap. 5.4) sowie die Einstellung der Bevölkerung (Kap. 5.5) dargestellt werden.

5.1 Verkehrsaufkommen und Modal Split

Auch wenn es anfänglich zu einer Erhöhung des Verkehrsaufkommens bzw. Verschlechterung des Durchkommens, wie beispielswiese in Nürnberg, kommen kann, so ist in fast allen Fällen nach einer anfänglichen Umstellungsphase eine Reduktion des Autoaufkommens zu beobachten (WALLSTRÖM 2004).

In Bologna bewirkte die Sperrung des Stadtzentrums eine Reduzierung des Autoverkehrs um 62% (BURWITZ 1992).

In Aachen und Lübeck traten während der temporären Sperrungen keine Beeinträchtigungen auf, im Gegenteil gab es weiterhin ein Überangebot an Parkplätzen (BAIER 1997).

In Aachen verringerte sich die Verkehrsbelastung auf der Hauptachse um 85%, auch der Modal Split veränderte sich: der Pkw-Anteil sank von 44 auf 36%, der Fußverkehrsanteil stieg von 31 auf 36% und der Busverkehr von 13 auf 16%, der Anteil des Radverkehrs blieb gleich (POTH 1997).

Auch in Lübeck nahm der Kfz-Verkehr in der Altstadt signifikant um 65 bis 75% ab. Zudem entwickelte sich der Modal Split zu Gunsten des Umweltverbunds, sodass der Anteil des MIV von werktags 36% auf samstags 29% sank und der Anteil des Umweltverbunds dementsprechend von 64 auf 71% anstieg (SCHÜNEMANN 1997). Allerdings stiegen nur 12% der Autofahrer auf andere Verkehrsmittel um, 30% nutzten P+R-Angebote, 60% änderten ihr Verhalten überhaupt nicht (BURWITZ 1992).

So verringerte sich auch in Nürnberg das Kfz-Aufkommen in der Altstadt um 30 bis 50%. Außerdem konnte man mehrmals das Phänomen der Verkehrsverpuffung beobachten. Nach den mehrfach eingeführten Sperrungen fanden sich nur 20 bis 29% der ursprünglichen Verkehrsmenge der gesperrten Straßen auf Nebenstraßen wieder. Auch die Steigerung des Anteils des Umweltverbunds am Modal Split auf 70% und eine Verringerung der Unfälle waren positive Auswirkungen der getroffenen Maßnahmen (ACHNITZ 1997).

5.2 Schadstoffemissionen

Auf die Konzentration der Schafstoffe in der Luft haben Restriktionen für den Autoverkehr durchweg positive Auswirkungen. In Großstädten wie Tokyo, Marseilles oder Wien bewirkte die Sperrung der Innenstädte eine Abnahme der Schadstoffkonzentrationen um bis zu 70% (OECD 1972). In Aachen wurden Abnahmen der Benzol-Konzentration von 40 bis 90% gemessen, die CO-Konzentration sank um 16 bis 40% und die Konzentration der Stickoxide um 16 bis 53% (POTH 1997).

In Nürnberg konnte man 15% weniger CO und 30% weniger NO_2 in der Luft messen (WALLSTRÖM 2004).

In Münster gibt es im Bereich Verkehr ein Einsparungspotential von 95.000 t CO_2. Davon sind 54.000 t zurückzuführen auf technische Potentiale und Weiterentwicklungen im Bereich der Fahrzeugtechnik sowie übergeordnete politische Maßnahmen und Rahmenbedingungen. Auf kommunaler Ebene könnten durch die oben beschriebenen Maßnahmen bis zum Jahr 2020 41.000 t CO_2 eingespart werden, was maßgeblich von der Umsetzungsintensität abhängt. Durch Vermeidung und Verlagerung des MIV würden so 40-70% der Emissionen vermieden werden können. Abbildung 3 zeigt die Emissionsminderungspotentiale im Bereich Verkehr für verschiedene Maßnahmen in den Bereichen Binnen-, Regional- und Güterverkehr in Abhängigkeit von der Intensität und Wirksamkeit kommunaler Maßnahmen (IFEU, GERTEC 2009).

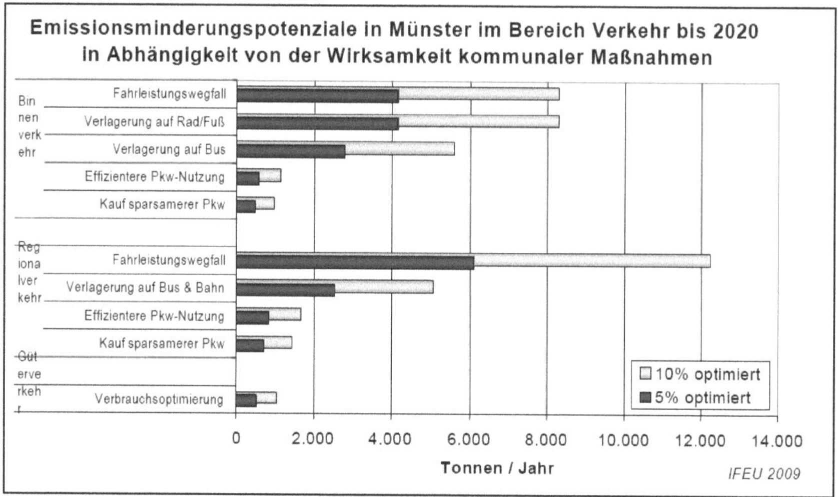

Abbildung 3: Emissionsminderungspotentiale in Münster im Bereich Verkehr   *Quelle: ifeu, Gertec 2009*

5.3 Lärmemissionen

Auch bezogen auf die Lärmbelastung zeigen restriktive Maßnahmen positive Auswirkungen. In Aachen beispielsweise sanken die Lärmemissionen um 1 bis 6 dB(A) (POTH 1997).
Des Weiteren gibt es eine Vielzahl an Möglichkeiten, die zu einer Verringerung der Lärmbelastung führen. So bewirken Geschwindigkeitsbegrenzungen auf 30 km/h eine Verringerung des Lärmpegels um 2 bis 3 dB(A), zusätzlich hat dies auch positive Auswirkungen auf die Verkehrssicherheit und den Verkehrsfluss und ist eine kostengünstige Maßnahme. Auch Straßenbeläge haben Einfluss auf den Lärmpegel und können je nach Belag die Belastung um 2 bis 5 dB(A) senken. Mit Straßenräumlichen Maßnahmen zur Lärmminderung könnte der Lärmpegel nochmals um weitere 1 bis 2 dB(A) gesenkt werden. Die Anlage von Radstreifen oder Grünstreifen sind beispielsweise geeignete Maßnahmen. Sie haben gleichzeitig positive Auswirkungen auf die Förderung des Radverkehrs bzw. Bindung von Luftschadstoffen durch die Bepflanzung (JANßEN 2012).

5.4 Handel

Bei restriktiven Verkehrsmaßnahmen ist keine Verlagerung des Einkaufsstandortes abzusehen, denn Exklusivität, Atmosphäre und Aufenthaltsqualität der innerstädtischen autofreien Bereiche überwiegen. Außerdem besteht die Möglichkeit, auf andere Verkehrsmittel auszuweichen (EICHENBERGER 1994).
Erhebungen und Umfragen in Basel haben ergeben, dass bei einer Gebührenerhöhung 0 bis 9% der Autokunden ausbleiben, die übrigen steigen auf den ÖPNV oder P+R-Angebote um. Bei einem Autokundenanteil von lediglich 15% entspricht das einem Gesamtkundenanteil von 0 bis 1,35%. Bei einer Sperrung der Innenstadt für den MIV würde die Hälfte der Autokunden weiterhin kommen, 8% seltener und 40% gar nicht mehr, was 6% der Gesamtkunden entspricht. Wenn gleichzeitig jedoch auch Kommunen im Umland zu gleichartigen restriktiven Maßnahmen greifen, können Umsatzeinbußen vermieden werden (ebd.). Eventuelle kurzfristige Umsatzeinbußen

können langfristig durch einen ansteigenden Versorgungsverkehr durch die neu zuziehende Bevölkerung ausgeglichen werden, die aufgrund der durch das autofreie Umfeld geschaffenen erhöhten Lebensqualität in die Innenstadt ziehen, wie es beispielsweise in Städten wie Amsterdam, die ihre Innenstädte vom Autoverkehr befreit haben, geschehen ist. Dort erhöhte sich die Einwohnerzahl innerhalb von zehn Jahren um 50.000 nachdem umfangreiche Maßnahmen zur Förderung des Umweltverbunds, Reduzierung des Autoverkehrs und Zusammenlegung von Wohn-, Arbeits-, und Freizeitstandorten durchgeführt wurden (vgl. HESSE 1999).

Nach einer Studie der OECD (1972) erhöhte sich der Umsatz des Einzelhandels in Wien nach der Sperrung der Innenstadt um 25 bis 50%, in Essen um 15 bis 35%. In Tokyo machten 21% der Geschäfte mehr Umsatz, bei 60% trat keine Veränderung auf und bei 19% der Geschäfte verringerte sich der Umsatz. Dennoch begrüßten 74% der Ladenbesitzer die Sperrungen für den Autoverkehr (ORSKI 1972).

In Aachen, wo nur an Samstagen die Innenstadt gesperrt wurde, verringerte sich der Umsatz an diesen Tagen um 2,4%, insgesamt erhöhte sich der Monatsumsatz jedoch leicht um 0,27%, da die KundInnen auf andere Tage auswichen. Entgegen der Erwartungen trat keine Veränderung in der Besucherstruktur auf. Der Anteil an Touristen und auch der der kaufkräftigen Generation zwischen 30 und 60 Jahren blieben gleich (POTH 1997).

5.5 Einstellung der Bevölkerung

In Aachen war die Zustimmung der „fußgängerfreundlichen Innenstadt" nach anfänglichen Schwierigkeiten sehr hoch. Samstags befürworteten 93% der Befragten die Regelung, donnerstags und freitags waren es nur 85-87%, was wohl daran lag, dass Kritiker der samstäglichen Sperrung auf andere Wochentage auswichen (BROCKELT 1997). Auch die BesucherInnen aus dem Umland befürworteten zu 70% die fußgängerfreundliche Innenstadt, obwohl sie im Gegensatz zu den StadtbewohnerInnen stärker auf den Pkw angewiesen sind (SCHULTE 1997).

Ein ähnliches Bild ergab sich in Lübeck. Dort befürworteten 85% der Befragten die autofreie Regelung an Wochenenden, 53% sprachen sich für eine tägliche autofreie Altstadt aus (SCHÜNEMANN 1997).

5.6 Zwischenfazit

Fußgängerfreundliche Innenstädte wie Fußgängerzonen haben sich, entgegen Befürchtungen des Einzelhandels, als attraktive Einkaufsstandorte bewährt. Ein Grund dafür, dass die Anzahl der fußgängerfreundlichen und autoarmen Stadtzentren beständig wächst. Sie bieten eine Chance zur Rückgewinnung guter Aufenthalts- und Wohnqualitäten und leben aus der Mischung von Einkaufs-, Kultur-, Wohn- und Freizeitangeboten (VESTER 1995).

Im Großen und Ganzen kann festgehalten werden, dass durch die Sperrung von Innenstadtbereichen für den MIV die Lärm- und Luftschadstoffbelastung sinkt und der Einzelhandel durch höhere Einnahmen profitiert. Auch auf das gesamtstädtische Verkehrsaufkommen und auf den Modal Split zeigen restriktive Maßnahmen für den MIV in Form von Sperrungen und Zufahrtsbeschränkungen eine positive Auswirkung zugunsten nachhaltiger Mobilitätsformen.

6. Die Stadt Münster

Die Stadt Münster stellt im Bereich der Verkehrsplanung verschiedene Pläne auf, um das Verkehrsaufkommen in Münster zu organisieren und somit auch den Zielen der lokalen Agenda 21 gerecht zu werden. Mit dem Verkehrsentwicklungsplan 2025 als zentrales Instrument wird ein umfassender Plan formuliert, um den Modal Split zugunsten des Umweltverbunds weiter zu erhöhen, die Luftschadstoff- und Lärmbelastung zu verringern und den Verkehr möglichst verträglich abzuwickeln (vgl. Abb. 14, Anhang). Des Weiteren gibt es zahlreiche Fachpläne, die diese Bestrebungen konkretisieren.

In diesem Kapitel sollen zunächst die strukturellen Voraussetzungen und das Verkehrsbild beschrieben werden (Kap. 6.1). Anschließend soll die Situation der einzelnen Verkehrsträger und Belastungsfaktoren dargestellt und hierfür relevante (die Situation verbessernde) Pläne und Maßnahmen vorgestellt werden (Kap. 6.2).

6.1 Stadtgeographische Gliederung der Innenstadt

Die Stadt Münster gliedert sich in ein System aus Grünringen und -zügen. Das ringzonale Grünsystem trennt, mit der Promenade als Grenze, die Altstadt (City) von der Innenstadt. Aus stadtgeographischer Sicht zählt zu der Innenstadt im engeren Sinne der Bereich innerhalb des zweiten Tangentenrings. Zwischen diesen beiden Grünringen liegen die inneren Außenstadtteile, die in der Regel durch Grünzüge voneinander getrennt sind. Zur sogenannten City zählt der Kernbereich der historischen Altstadt mit den Stadtteilen Aegidii, Überwasser, Dom, Buddenturm und Martini, welche im Osten vom Bahnhofsviertel, im Süden von Ludgeriplatz und Hafenstraße und im Westen vom Universitätsviertel begrenzt wird (s. Abb. 4). Die Altstadt hat eine Fläche von 1,19 km^2, die Fläche innerhalb des Innenstadtrings misst 6,35 km^2 (HAUFF, HEINEBERG 2011).

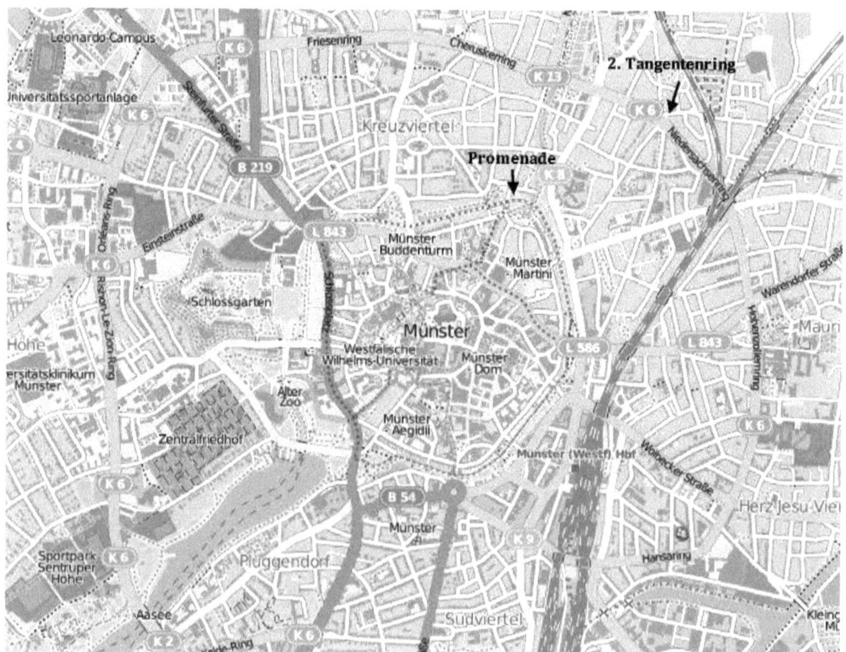

Abbildung 4: Münster Innenstadt   *Quelle: verändert nach OpenStreetMap*

Die Münsteraner City ist der zentrale Standortraum der Stadt und gilt als lebendige Stadtmitte. Als wichtiger Einkaufs- und Dienstleistungsstandort ist Münster das einzige Oberzentrum im Münsterland und hat mit den Kreisen Borken, Coesfeld, Steinfurt und Warendorf ein Einzugsgebiet von 1,6 Mio. Menschen (STADT MÜNSTER, AMT FÜR STADTENTWICKLUNG, STADTPLANUNG, VERKEHRSPLANUNG, ABTEILUNG VERKEHRSPLANUNG 2009). Durch das einzigartige Stadtbild der münsteraner Altstadt mit seinen zahlreichen historischen kirchlichen und öffentlichen Gebäuden besitzt die Stadt einen hohen Symbol- und Wiedererkennungswert und die hohe Angebotsvielfalt, bestehend aus exklusivem Einzelhandel, privaten Dienstleistungen, Märkten und Museen, ist verantwortlich für die gute Einkaufsatmosphäre und eine hohe Aufenthalts- und Erlebnisqualität. Münster stellt sich somit Arbeits- und Ausbildungszentrum, Versorgungs- und Dienstleistungs- sowie Erholungs-, Kultur und Freizeitstandort dar (HAUFF, HEINEBERG 2011).

Ein größeres zusammenhängendes Netz an Fußgängerzonen gibt es in Münster im östlichen Teil der Altstadt innerhalb der Promenade und südlich der L843. Klemensstraße und Rothenburg sind für den MIV gesperrt (vgl. Tab. 9, Anhang), ansonsten wird der Durchgangsverkehr sowie die Zufahrt zu den im Stadtzentrum gelegenen Stellplätzen ermöglicht (s. Abb. 5).

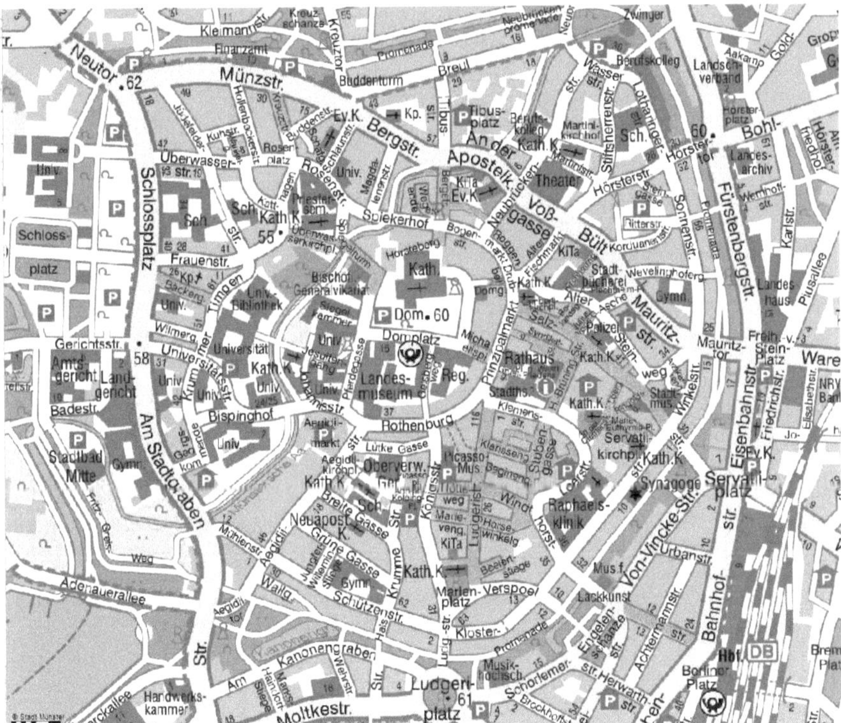

Abbildung 5: Fußgängerzonen (rot) und Stellplätze in der Altstadt   *Quelle: http://geo.stadt-muenster.de/*

6.2 Zahlen und Fakten zum Verkehr

6.2.1 Verkehrsaufkommen in Münster

Die Münsteraner legen pro Tag insgesamt 1.064.087 Fahrten zurück, wobei davon knapp zwei Drittel auf den Umweltverbund fallen und ein Drittel der Strecken mit dem Pkw zurückgelegt werden. Die Münsteraner legen durchschnittlich 3,8 Wege/Person/Tag zurück, die durchschnittliche Reiseweite beträgt 6,9 km mit dem Pkw, 3,4 km mit dem Fahrrad und 0,93 km zu Fuß. Bis zu einer Entfernung von sechs Kilometern dominiert der Umweltverbund (50,9%). Der hohe Anteil des Modal Split am Umweltverbund ist vor allem auf den hohen Radverkehrsanteil von 37,6% zurückzuführen, welcher in Münster einzigartig ist. Es besteht jedoch ein erheblicher Unterschied zwischen dem Münsteraner Verkehr und dem Stadt-Umland-Verkehr. Der Modal Split im Stadt-Umland-Verkehr fällt deutlich zu Gunsten des Pkw's aus, denn nur 19,1% der Pendler benutzen den ÖPNV und SPNV um nach Münster zu kommen. Daraus folgt, dass im gesamten Modal Split der Umweltverbund zwar immer noch etwas mehr als die Hälfte (52,1%) am Verkehrsaufkommen ausmacht, der Kfz-Verkehr aber die dominierende Verkehrsart ist (s. Tab. 2). So ergibt sich für die Stadt Münster bei zusätzlich 371.395 Personenfahrten im Pendlerverkehr ein Gesamtverkehrsaufkommen von 1.435.483 Personenfahrten/Tag (STADT MÜNSTER, AMT FÜR STADTENTWICKLUNG, STADTPLANUNG, VERKEHRSPLANUNG, ABTEILUNG VERKEHRSPLANUNG 2008).

Im Vergleich zum Bundesdurchschnitt besitzt Münster einen überdurchschnittlich hohen Anteil am Umweltverbund. In der gesamten BRD liegt der Pkw-Anteil bei 51% und auch in einer vergleichbaren Stadt wie Freiburg ist der Kfz-Anteil mit 39% etwas höher als in Münster (ebd.).

In den letzten 25 Jahren ist das Verkehrsaufkommen in Münster um etwa 25% gestiegen. Im Jahr 1982 lag der Anteil des Kfz-Verkehrs noch bei 39,2%. Zwar nimmt der Anteil des Umweltverbunds stetig zu, der absolute Pkw-Verkehr steigt jedoch aufgrund der ansteigenden Pendlerströme. Diese werden zum einem durch den steigenden Motorisierungsgrad aber vor allem durch den Strukturwandel, der das gesamte Münsterland betrifft, verursacht, denn immer mehr Menschen ziehen aus der Innenstadt Münsters in die ruhigeren Außenstadtteile, gleichzeitig steigt aber das Angebot an Arbeitsplätzen im Zentrum (STADT MÜNSTER, AMT FÜR STADTENTWICKLUNG, STADTPLANUNG, VERKEHRSPLANUNG, ABTEILUNG VERKEHRSPLANUNG 2009).

Bei verkehrsplanerischen Maßnahmen müssen daher auch die Strukturänderungen im Münsterland mit berücksichtigt werden, da der Stadt-Umland-Verkehr das Verkehrsgeschehen in Münster maßgeblich beeinflusst, besonders auch im Hinblick auf den demographischen Wandel. Bis zum Jahr 2050 wird der Anteil der über 65-jährigen Bevölkerung ansteigen, die Bevölkerungszahl in Münster und im Münsterland jedoch insgesamt abnehmen. Unterschiedliche Szenarien zeigen, dass das trotz Bevölkerungsrückgang das Verkehrsaufkommen steigen wird, auch wenn eine ÖV-affine Siedlungsstruktur oder die Benutzung von Elektrofahrrädern gefördert würde. Allerdings könnte so der Anteil des Umweltverbunds verbessert werden. Einzig eine Verteuerung der Mobilität im Verhältnis zu anderen Lebenshaltungskosten hätte einen Rückgang des gesamten Verkehrsaufkommens zur Folge (vgl. LK ARGUS KASSEL GMBH 2010).

Tabelle 2: Verkehrsaufkommen in Münster 2007

Verkehrsmittel	Münsteraner		Einpendler		Gesamt	
	Personen-fahrten/Tag	Modal-Split	Personen-fahrten/Tag	Modal-Split	Personen-fahrten/Tag	Modal-Split
Fuß	165.998	15,6	0	0	165.998	11,6
Fahrrad	400.097	37,6	0	0	400.097	27,9
ÖPNV	110.665	10,4	71.035	19,1	181.700	12,7
Umweltverbund	676.760	63,6	71.035	19,1	747.794	52,1
Kfz	387.328	36,4	300.361	80,9	687.688	47,9
Summe	1.064.087	100,0	371.395	100,0	1.435.483	100,0

Quelle: Stadt Münater, Amt für Stadtentwicklung, Stadtplanung, Verkehraplanung, Abteilung Verkehraplanung 2009

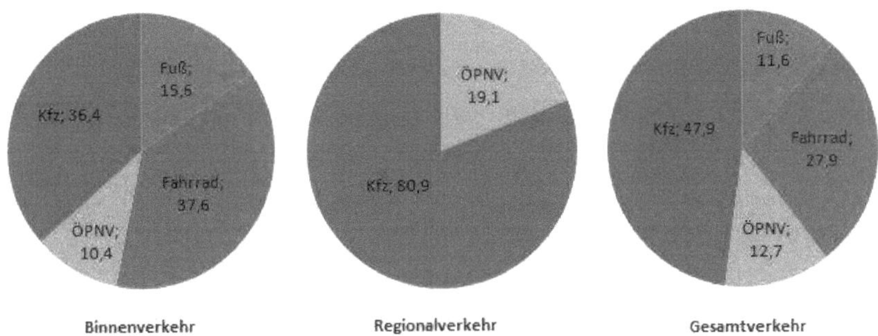

Abbildung 6: Modal-Split Münster (Angaben in %)

6.2.2 Luftschadstoffbelastung

Im Stadtgebiet von Münster treten erheblich Belastungen durch Luftschadstoffe, besonders Kohlenstoffdioxid (CO_2), Stickstoffdioxid (NO_2) sowie Feinstaub (PM10), auf (BEZIRKSREGIERUNG MÜNSTER 2009).

Im Rahmen der Energie- und Klimainventur für die Stadt Münster wurden die verschiedenen Verursacher von Treibhausgasemissionen analysiert und deren Anteile berechnet. Der Straßenverkehr verursacht 25% aller CO_2-(äquivalenten) Emissionen im Stadtgebiet von Münster, das entspricht 584,2 Kilotonnen CO_2 pro Jahr (s. Tab. 3). Dabei hat der MIV mit Abstand den größten Anteil von 92%, ÖPNV und SPNV verursachen im Binnen- und Regionalverkehr 8% der Treibhausgasemissionen (STADT MÜNSTER, AMT FÜR GRÜNFLÄCHEN UND UMWELTSCHUTZ 2003).

Tabelle 3: CO₂-Emissionen des Verkehrs im Jahr 2000

	Binnenverkehr		Regionalverkehr		Gesamt	
	kt/a	%	kt/a	%	kt/a	%
MIV	131,0	90,8	406,8	92,5	537,8	92,0
ÖPNV	13,2	9,2	4,4	1,0	17,6	3,0
SPNV	--	0	28,8	6,5	28,8	5,0
Summe	144,2	100,0	440,0	100,0	584,2	100,0

Quelle: Stadt Münater, Amt für Grünflächen und Umweltachutz 2003

Auch Feinstaub- und Stickoxidausstöße stellen im münsteraner Stadtgebiet einen Belastungsfaktor dar, an mehreren Messstationen werden die zulässigen Grenzwerte regelmäßig überschritten. Laut den Berechnungen für den Luftqualitätsplan für das Stadtgebiet Münster aus Emissionsdaten und fahrzeugspezifischen Kenngrößen verursacht der Verkehr 75% der NO_X- und 82% der PM10-Emissionen, der Rest wird von der Industrie und Kleinfeuerungsanlagen emittiert. Der Straßenverkehr wiederum hat an den gesamten Verkehrsemissionen (Straße, Schiene, Schifffahrt, Sonstige) einen Anteil von 81% der NO_X-Emissionen und 72% der PM10-Emissionen (BEZIRKSREGIERUNG MÜNSTER 2009).

Insgesamt emittierte der Straßenverkehr im Jahr 2006 1.764 t Stickoxide, wovon 33% (585 t) durch Pkw und Krafträder, 7% (124 t) durch Busse und 60% (1.055 t) durch leichte und schwere Nutzfahrzeuge verursacht wurden. Für das Jahr 2010 wurde eine Senkung der NO_X-Emissionen um 24% auf 1.347 t/a prognostiziert (ebd.).

Im Jahr 2006 wurden vom Straßenverkehr PM10-Emissionen von insgesamt 141 t verursacht, davon verursachte der Pkw- und Kraftrad-Verkehr 52% (73 t) der Ausstöße, der Busverkehr 3,5% (5 t) und der Nutzfahrzeug-Verkehr 44,5% (63 t). Die Prognose für das Jahr 2010 ergab ein Absinken der PM10-Emissionen um 10,6% auf 126 t/a (s. Tab. 4) (ebd.).

Tabelle 4: Jahresfahrleistungen, NO_X- und PM10-Emissionen nach Fahrzeugart in den Jahren 2006 und 2010

Fahrzeuggruppe	Jahresfahrleistung [Mio. Fz-km/a]		NO_X-Emissionen [t/a]		PM10-Emissionen [t/a]	
	2006	2010 *(Prognose)*	2006	2010 *(Prognose)*	2006	2010 *(Prognose)*
Pkw+Krafträder	1.714	1.779	585	463	73	66
Busse	14	14	124	82	5	4
Nutzfahrzeuge	228	246	1.055	802	63	56
Summe	1.956	2.039	1.764	1.347	141	126

Quelle: Bezirkaregierung Münater 2009

Die prognostizierten Verringerungen bei den Schadstoffausstößen trotz gestiegener Fahrleistungen sind auf verbesserte Motor- und Abgastechnologien zurückzuführen. An der Messstation Bült, wo der Busverkehr (zu 35%) maßgeblich für die hohe Schadstoffbelastung verantwortlich ist, konnte aufgrund der gesetzmäßig vorgeschriebenen Einführung von EURO4-Standards bei Bussen die Belastung gesenkt werden. Dennoch liegt der NO_2-Jahresmittelwert weiterhin über dem gesetzlich festgeschriebenen Grenzwert von 40 µg/m^3 (s. Tab. 5). Weitere Verbesserungsmöglichkeiten bestünden im Bereich des Pkw-Verkehrs, welcher 26% zur NO_2-Belastung an der Messstation Bült beiträgt sowie beim regionalen Hintergrundniveau (Jahresmittel der am geringsten belasteten Messorte in der Region), welches einen Anteil von 22% an der NO_2-Belastung ausmacht (BEZIRKSREGIERUNG MÜNSTER 2009).

Tabelle 5: NO_2- und PM10-Jahresmittel an der Messstation Bült

NO_2-Jahresmittel [µg/m^3]		PM10-Jahresmittel [µg/m^3]	
2006	2010 *(Prognose)*	2006	2010 *(Prognose)*
57,3	49,1	31,2	28,7

Quelle: Bezirkaregierung Münater 2009

Aufgrund der hohen Luftschadstoffbelastungen und den damit verbundenen EU-Vorgaben ist seit dem 1.4.2009 der Luftqualitätsplan für das Stadtgebiet Münster in Kraft getreten. Seit dem 1.1.2010 gibt es außerdem eine Umweltzone. Berechnungen des LANUV zufolge kann jedoch ohne weitere Maßnahmen der NO_X-Ausstoß aufgrund der steigenden Pkw-Zahlen nicht erreicht werden (vgl. BEZIRKSREGIERUNG MÜNSTER 2009).

6.2.3 Lärmbelastung

Laut dem Umweltamt der Stadt Münster leiden im Stadtgebiet 52.400 Menschen tagsüber und 30.900 Menschen nachts unter Straßenlärm, 6% der Gebäude in Münster weisen eine gesundheitsgefährdende Lärmbelastung auf (vgl. BERGMANN 2013), wobei hier Grenzwerte von tagsüber über 65 dB(A) und nachts über 55 dB(A) angesetzt wurden. Besonders betroffen sind die Gebiete an den Autobahnen und Umgehungsstraßen, an den radialen Ausfallstraßen (Warendorfer Straße, Wolbecker Straße, Weseler Straße, Hammer Straße, Steinfurter Straße) und in der Innenstadt (Schlossplatz, Aegidiistraße, Moltkestraße, Münzstraße, Bergstraße, Voßgasse, Mauritzstraße, Berliner Platz, Von-Steuben-Straße, Bremer Straße, Hansaring) (JANßEN 2012).

Nach §47 BImSchG, der 34. BImSchV und nach EU-Vorgaben ist die Aufstellung eines Lärmaktionsplans für Münster geplant. Darin sollen Maßnahmen aufgestellt werden, die betroffenen Gebäude in Münster vor Lärmimmissionen zu schützen. Aus Berechnungen von Lärmpegel und Lärmkennziffer LKZ (Lärmbetroffenheit nach Einwohnern und Lärmbelastung) wurden Maßnahmenbereiche in drei unterschiedlichen Prioritätsstufen identifiziert, die nacheinander verbessert werden sollen (vgl. JANßEN 2012).

6.2.4 Verkehrssicherheit

Münster hat eine schlechte Verkehrsunfallstatistik und bildete im Jahr 2006 mit 576 Personenunfällen/100.000 Einwohnern ein Schlusslicht im deutschen Städtevergleich, wofür maßgeblich der hohe Radfahreranteil verantwortlich ist. 2006 wurden insgesamt 9.179 Unfälle verzeichnet, bei denen 1.519 Menschen verletzt wurden. Obwohl nur an 9% der Unfälle Radfahrer beteiligt sind, stellen sie 50% der Verletzten dar. Auch die Zahl der Radverkehrsunfälle hat seit 1996 stetig zugenommen und ist innerhalb von 10 Jahren von 563 um fast 50% auf 843 gestiegen. Dabei stieg nicht nur die Zahl der Unfälle insgesamt, sondern auch der Anteil der Unfälle, die nicht von Radfahren selbst, sondern von anderen Verkehrsteilnehmern verursacht wurden, von 55 auf 61%. Nur 3% der Unfälle wurden durch Fußgänger verursacht (s. Tab. 6) (STADT MÜNSTER, AMT FÜR STADTENTWICKLUNG, STADTPLANUNG, VERKEHRSPLANUNG, ABTEILUNG VERKEHRSPLANUNG 2009). In der Innenstadt liegen die Unfallschwerpunkte entlang der L843 (Münzstraße, Bergstraße, Voßgasse, Bült, Mauritzstraße) an den Kreuzungen mit Jüdefelder Straße, Neubrückenstraße, Korduanenstraße und Alter Steinweg (vgl. GOOGLEMAPS 2011).

Tabelle 6: Radverkehrsunfälle und deren Verursacher 1996 und 2006

	1996		2006	
	absolut	%	absolut	%
Verursacher Radfahrer	253	45,0	332	39,0
andere Verursacher	310	55,0	511	61,0
insgesamt	563	100,0	843	100,0

Quelle: Stadt Münster, Amt für Stadtentwicklung, Stadtplanung, Verkehrsplanung, Abteilung Verkehrsplanung 2009

Mit der im Jahr 2007 eingeführten Ordnungspartnerschaft Verkehrsunfallprävention wurde unter dem Motto „Sicher durch Münster" ein Projekt unter Zusammenarbeit von Stadt, Polizei und 24 weiteren Verbänden und Institutionen gegründet, welche mit Hilfe von verschiedenen Aktionen und Aufklärungskampagnen die Unfallzahlen zu senken versucht. In den Bereichen Überwachung und Ahndung, Bau- und Verkehrstechnik, Verkehrserziehung, Verkehrssicherheitsberatung und Öffentlichkeitsarbeit werden Maßnahmen zur Verbesserung der Verkehrssicherheit durchgeführt (ORDNUNGSPARTNERSCHAFT VERKEHRSUNFALLPRÄVENTION 2009).

6.2.5 Kfz-Verkehr

In Münster werden mit Kraftfahrzeugen täglich 687.000 Personenfahrten zurückgelegt, davon 387.000 (56,3%) von MünsteranerInnen und 300.000 (43,7%) Fahrten von PendlerInnen, wobei beim Pendlerverkehr von einem Besetzungsgrad von 1,3 Personen pro Pkw ausgegangen wird. Seit 1982 hat sich der Stadt-Umland-Verkehr verdoppelt, was hauptsächlich auf die Zunahme der Arbeitsplätze im Zentrum von Münster und der gleichzeitigen Verlagerung von Wohnorten in die Außenstadtbezirke zurückzuführen ist. Außerdem ist der Kfz-Bestand in Münster und im Münsterland, aus dem 75% (78.210 Kfz-Fahrten/Tag) der Pendler kommen, in den letzten 10 Jahren um 25% gestiegen. Der Durchgangsverkehr liegt mit 15.600 Fahrten/Tag im verträglichen Bereich und belastet hauptsächlich den zweiten Tangentenring, wohingegen der innerstädtische Lieferverkehr und Quell-/Zielverkehr in der Innenstadt als gering einzustufen ist. Das zentrale Ziel des Pendler-Verkehrs sind der Stadtbezirk Mitte (42.250 Fahrten/Tag bzw. 40,7%) und dort besonders die Altstadt mit 22.400 Kfz-Fahrten/Tag (21,6%). Nach Verkehrsprognosen für den FNP 2010 kann von keiner weiteren Erhöhung des Verkehrsaufkommens ausgegangen werden, vorausgesetzt der Ausbau des SPNV wird entsprechend vorangetrieben (STADT MÜNSTER, AMT FÜR STADTENTWICKLUNG, STADTPLANUNG, VERKEHRSPLANUNG, ABTEILUNG VERKEHRSPLANUNG 2009).

Im Verkehrsentwicklungsplan 2025 ist vorgesehen, den Kfz-Verkehr in der Innenstadt durch Schaffung von Umstiegsanreizen im Umland in Form eines guten regionalen ÖPNV- und SPNV-Angebots und dem Ausbau der Vorortbahnhöfe zu reduzieren. Auch Park+Ride-, Bike+Ride- und Park+Bike-Angebote am Stadtrand und die gleichzeitige Verknüpfung mit dem Busnetz sollen die Menschen zum Umstieg auf den Umweltverbund animieren (STADT MÜNSTER, AMT FÜR STADTENTWICKLUNG, STADTPLANUNG, VERKEHRSPLANUNG, ABTEILUNG VERKEHRSPLANUNG 2009).
Trotz der Erkenntnis, dass Straßenneubau weiteren Verkehr anzieht und die Verkehrsbelastung nicht reduziert, ist im Flächennutzungsplan weiterhin der Bau einer 3. Nordtangente gesichert (STADT MÜNSTER, AMT FÜR GRÜNFLÄCHEN UND UMWELTSCHUTZ 2003).
Allerdings ist der Bau der autofreien Siedlung Weißenburg ein gelungenes Beispiel für eine autounabhängige Konzeption der Verkehrsanbindung und -erschließung neuer Siedlungsflächen. Die BewohnerInnen dieser mit öffentlichen Mitteln geförderten Wohnsiedlung dürfen kein Auto besitzen und können aufgrund der guten Versorgungsinfrastruktur alle Wege mit dem Fahrrad oder dem ÖPNV zurücklegen (vgl. AUTOFREIE SIEDLUNG WEIßENBURG E.V. 2013).
    Die Stadt Münster ist außerdem auf der Internetplattform pendlernetz.de vertreten, eine Börse für Fahrgemeinschaften in und um Münster.
Durch die Stadtteilautos der CarSharing Münster GmbH, welche mit 40 Stationen in Münster und Umgebung vertreten sind, wird eine gute Alternative zur privaten Pkw-Nutzung geboten. Als Mitglied eines CarSharing-Unternehmens können Privatpersonen nach Bedarf Autos mieten, die an bestimmten Stellen abgeholt und wieder abgestellt werden können, sodass man auf ein eigenes Auto verzichten kann (vgl. STADTTEILAUTO, CARSHARING MÜNSTER GMBH 2013).

6.2.6 Parkraumbewirtschaftung

Insgesamt gibt es im Bereich von Altstadt und Hauptbahnhof 7.751 Stellplätze, davon befinden sich 5.942 innerhalb und 1.809 Stellplätze außerhalb der Promenade. Von den Stellplätzen, die innerhalb der Promenade liegen, sind 156 gebührenfrei, für 298 Stellplätze müssen Tickets an Parkautomaten bzw. -uhren gelöst werden, 1.001 Stellplätze sind für AnwohnerInnen vorbehalten, 102 für Behinderte und 4.385 Stellplätze verteilen sich auf die Parkhäuser und Parkplätze (vgl. Tab. 7) (STADT MÜNSTER, AMT FÜR STADTENTWICKLUNG, STADTPLANUNG, VERKEHRSPLANUNG 2013a). 5.152 Stellplätze sind an das Parkleitsystem angeschlossen, dazu gehören unter anderem die Parkhäuser und Parkplätze Theater, Alter Steinweg, Schlossplatz, Aegidii, Georgskommende, Arkaden, Karstadt, Stubengasse, Bremer Platz, Engelenschanze und Bahnhofstraße (s. Tab. 8) (STADT MÜNSTER, TIEFBAUAMT 2013a).

Tabelle 7: Parkraumangebot im Bereich Altstadt/Hbf (Stand 2012)

Ins-gesamt	Außer-halb der Promenade	Innerhalb der Pro-menade	Gebühren-frei	Parkuhr/-automat	An-wohner	Behin-derte	Park-häuser/-plätze
7.751	1.809	5.942	156	298	1.001	102	4.385

Quelle: Stadt Münater, Amt für Stadtentwicklung, Stadtplanung, Verkehraplanung 2013[a]

Tabelle 8: Parkplätze/-häuser des Parkleitsystems und Stellplatzanzahl im Bereich Altstadt/Hbf

Parkhäuser/ -plätze	Anzahl
Theater	793
Alter Steinweg	350
Schlossplatz	910
Aegidii	780
Georgskommende	272
Arkaden	248
Karstadt	183
Stubengasse	318
Bremer Platz	416
Engelenschanze	480
Bahnhofstraße	339
insgesamt	5.152

Quelle: Stadt Münater, Tiefbauamt 2013[a]

Unter der Annahme einer fußläufigen Erreichbarkeit von 300-400 m ist die Stellplatzverteilung in der Innenstadt, mit Ausnahme einiger Defizite im südlichen Bereich, gut abgedeckt (STADT MÜNSTER, AMT FÜR STADTENTWICKLUNG, STADTPLANUNG, VERKEHRSPLANUNG, ABTEILUNG VERKEHRSPLANUNG 2002).

Für die AnwohnerInnen sind im öffentlichen Raum 50% der Stellplätze vorbehalten, je nach Viertel kommen jedoch auf einen Stellplatz zwei bis fünf Parkberechtigungen. Auch bei den Behindertenstellplätzen (Einzugsgebiet 100 m) gibt es Defizite in den Bereichen Aegidiimarkt, Salzstraße, Bahnhof und Domplatz (ebd.).

Insgesamt weisen die Parkhäuser und Parkplätze in der Innenstadt (das sind Aegidiimarkt, Theater, Karstadt, Stubengasse, Bremer Straße, Bahnhofstraße und die angeschlossenen Parkplätze Stubengasse, Hörsterstraße/Korduanenstraße, Georgskommende und Schlossplatz) eine relativ gute Auslastung auf. An einem mittleren Werktag (Montag bis Donnerstag) liegt die Auslastung zwischen 11 und 17 Uhr bei 75%, an einem mittleren Samstag kann man im Zeitraum von 10 bis 15 Uhr von einer Vollauslastung sprechen (ebd.).

Die Parkgebühren für die Stellplätze werden in zwei Zonen aufgeteilt. Je nach Zentralität kostet ein Stellplatz in den Parkhäusern und auf den Parkplätzen zwischen 1,00 € und 2,00€/Stunde. Die Stellplätze im öffentlichen Straßenraum kosten zwischen 1,00 € und 1,50 € pro Stunde (STADT MÜNSTER, TIEFBAUAMT 2013[b]).

Mit dem Parkraumkonzept Münster 2010 sind Politik und Planung der Erfordernis nach einer Reduzierung des Parkraums zur Reduzierung des Kfz-Verkehrs im Innenstadtbereich nicht nachgekommen, im Gegenteil wurde die Stellplatzkapazität um 700 Plätze erhöht und die Parkgebühren verringert. Der Parkraum wird jedoch fast flächendeckend bewirtschaftet, sodass es kaum kostenlose Parkmöglichkeiten gibt und das Anwohnerparken Vorrang hat (vgl. STADT MÜNSTER, AMT FÜR GRÜNFLÄCHEN UND UMWELTSCHUTZ 2003).

6.2.7 Öffentlicher Personennahverkehr (ÖPNV)

Der Anteil des ÖPNV am Modal Split liegt in Münster bei insgesamt 12,7%, wobei 10,4% der MünsteranerInnen und 19,1% der Einpendler den ÖPNV nutzen (vgl. Abb. 6, Kap. 6.2.1). An einem Werktag werden insgesamt 181.700 Personen mit öffentlichen Verkehrsmitteln transportiert. Davon entfallen 25.000 Personenfahrten auf den Schienenpersonenfernverkehr (SPFV), 54.900 Fahrten auf den Stadt-Umland-Verkehr und 101.800 Fahrten auf den Binnenverkehr. Im Stadt-Umland-Verkehr werden wiederum 42.500 Personen pro Tag mit dem Schienenpersonennahverkehr transportiert. 6.800 mit Schnellbus- und 5.800 mit RegioBus-Linien, sodass auf den regionalen Busverkehr insgesamt 12.400 Personenfahrten pro Werktag entfallen. Im Binnenverkehr nutzen 92.600 Personen pro Tag die Stadtbuslinien, 5.800 Menschen die RegioBus-Linien und 3.400 Menschen den SPNV (s. Abb. 7). Es werden also insgesamt an einem Werktag 18.200 Fahrgäste mit den regionalen Buslinien, 92.600 mit den Stadtbuslinien und 70.900 mit dem Schienenverkehr transportiert (STADT MÜNSTER, AMT FÜR STADTENTWICKLUNG, STADTPLANUNG, VERKEHRSPLANUNG, ABTEILUNG VERKEHRSPLANUNG 2009).

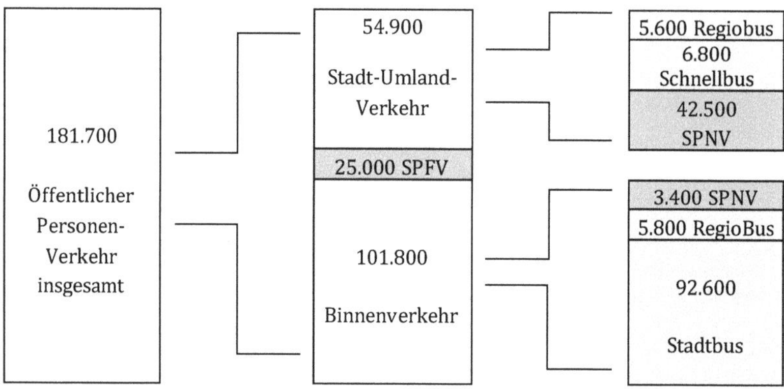

Abbildung 7: Anteile des Öffentlichen Verkehrs in Münster

Die Fahrtzwecke der Fahrgäste verteilen sich wie folgt: 24% nutzen den ÖPNV im Berufsverkehr, 18% für die Ausbildung bzw. den Schulweg, 14% für das Studium, 10% zum Einkaufen und 27% für die Freizeit (STADT MÜNSTER, AMT FÜR STADTENTWICKLUNG, STADTPLANUNG, VERKEHRSPLANUNG, ABTEILUNG VERKEHRSPLANUNG 2006).

Am Wochenende ist das Fahrgastaufkommen demnach entsprechend geringer, so nutzen beispielsweise Samstag nur 48.100 Menschen den Stadtbusverkehr, sonntags sind es nur 25.500 Fahrgäste (ebd.).

Im Stadtbusverkehr werden insgesamt 19 Linien eingesetzt, wovon vier Radiallinien und 15 Durchmesserlinien sind, im Nachtbusverkehr gibt es neun Linien. Das Netz wird ergänzt durch bedarfsgesteuerte Angebote (Taxi-Busse, Anruf-Sammel-Taxis und Frauen-Nacht-Taxis). Die Linien im Tagesverkehr fahren werktags im 10 bzw. 20-Minuten-Takt, am Wochenende je nach Tageszeit im 10- bis 60-Minuten-Takt. Des Weiteren fahren acht Schnellbuslinien, 10 RegioBus-Linien und zehn Regional-Linien das Stadtgebiet von Münster an (ebd.).

Der Busverkehr hat eine zentrale Bedeutung für die Erreichbarkeit der Altstadt, so soll sichergestellt werden, dass die mit dem Pkw anfahrbaren Ziele auch mit dem ÖPNV optimal erreichbar sind. Die flächendeckende Erreichbarkeit ist unter Annahme eines Einzugsgebiets von 300 Metern mit den vorhandenen Haltestellen gewährleistet (s. Abb. 9 u. 10, Anhang). Erhebungen aus dem Jahr 2003 ergaben, dass werktags 27.400-mal an Haltestellen im Altstadtbereich (inkl. Hbf) ein- und ausgestiegen wird, so nutzen 13.700 Personen diese

Haltestellen. Hier nutzen 61% der Fahrgäste den Bus zum Zweck des Einkaufens. Alle Haltestellen in der Altstadt werden vom Bahnhof aus in fünfminütigem Takt angefahren (ebd.).

Wichtig für die Erreichbarkeit der Innenstadt ist auch die Anbindung des Schienenverkehrs an den städtischen Busverkehr. Täglich nutzen 42.500 Fahrgäste den SPNV, wovon 42.000 Personen am Hauptbahnhof ein- oder aussteigen. Weitere wichtige Haltestellen im Stadtgebiet für den Pendlerverkehr bzw. zur Anbindung der Außenstadtteile an das Zentrum sind die Bahnhöfe Hiltrup, Amelsbüren und Zentrum Nord sowie Albachten, Sprakel und Häger (ebd.).

Der Stadtbusverkehr, der von den Stadtwerken Münster betrieben und unterhalten wird, erreicht lediglich eine Kostendeckung von 69%. Die Einnahmen setzen sich zusammen aus den Ticketverkäufen (88%) sowie Ausgleichszahlungen des Landes NRW für die SchülerInnen- und Behindertenbeförderung (12%). Die restlichen Kosten von ca. 12 Mio. € werden im Rahmen des steuerlichen Querverbunds mit den Gewinnen aus dem Energie- und Versorgungsbereich der Stadtwerke finanziert, sodass die Stadt Münster als Aufgabenträger indirekt zur Finanzierung beiträgt, indem sie geringere Gewinnausschüttungen aus den Einnahmen erhält (ebd.).

Angebote wie das Semesterticket, Job-Ticket, Senioren- und Schülertarife und der ZVM-Gemeinschaftstarif Bus-Schiene fördern die Benutzung von Dauerkarten und schaffen ein ansprechendes und Tarifangebot. Für Menschen aus schwachen Einkommensschichten die einen Münster-Pass besitzen, gibt es Ermäßigungen bei bestimmten Fahrtickets. Allerdings hat es in den letzten Jahren immer wieder Tariferhöhungen gegeben (ebd.).

Zur übersichtlichen Kommunikation und Information für die Fahrgäste gibt es teilweise elektronische Abfahrtsanzeigen an den Haltestellen sowie eine Fahrplanauskunft im Internet (ebd.).

Mit der Aufstellung des 2. Nahverkehrsplans soll die Infrastruktur im ÖPNV verbessert und nachfrageorientierter gestaltet werden. Dazu gehören die Flächenerschließung durch radiale und tangentiale Linien, Taktverdichtungen, optimierte Umsteigeverbindungen und Bedienungszeiten, besonders im Pendlerverkehr, sowie eine Pünktlichkeits- und Anschlussgarantie (STADT MÜNSTER, AMT FÜR STADTENTWICKLUNG, STADTPLANUNG, VERKEHRSPLANUNG, ABTEILUNG VERKEHRSPLANUNG 2006).

Die Verbesserung der Flächenerschließung des Stadtgebiets soll durch Verlängerung der Buslinien, die Einführung des Nachtbusnetzes, Fahrgastinformationssysteme und einen Sonderverkehr während Adventszeit und Großveranstaltungen gewährleistet werden. Durch die Einführung eines Grund- und Hauptnetzes soll der Fahrplan (Takt- und Bedienungszeiten) besser an die Nachfrage angepasst werden. In den Korridorverkehren (56% des Fahrgastaufkommens) soll die Bedienung durch einen 10-Minuten-Takt gesichert und optimiert werden, auf den übrigen Strecken soll ein 20-Minuten-Grundtakt eingeführt werden. Des Weiteren sollen die Außenstadtteile durch nachfragegerechte Tangentialverkehre untereinander und durch einen innerstädtischen Schnellbusverkehr ins Zentrum besser und schneller erreichbar werden. Weitere bedarfsgesteuerte Angebote wie das Anruf-Sammel-Taxi (AST), der TaxiBus und das FrauenNachtTaxi gewährleisten Verbindungen auf nachfragearmen Strecken (ebd.).

Die Qualität der Haltestellen und Busse hinsichtlich Barrierefreiheit, Ausstattung und Komfort soll durch Investitionen in Umsteigeanlagen, den Bau von Buswartehallen, die Einführung von Niederflurbussen, elektronische Fahrgastinformationssysteme und eine flächendeckende Erreichbarkeit der Haltestellen mit einem Einzugsbereich von 300-400 Metern gewährleistet werden (ebd.).

Durch die Einführung von Busspuren, einer LSA-Steuerung und eines Funk-Bake-Systems, welche dem Busverkehr an Ampelanlagen insbesondere bei Verspätungen Vorfahrt gewährleisten, soll der ÖPNV beschleunigt werden (STADT MÜNSTER, AMT FÜR STADTENTWICKLUNG, STADTPLANUNG, VERKEHRSPLANUNG, TIEFBAUAMT 2006).

Auch im Bereich der Fahrzeugtechnik wird auf umweltschonende Fahrzeuge geachtet. Seit 2012 gibt es zwei Hybrid-Busse in der Flotte der Stadtwerke, ab 2014 einen vollwertigen Elektrobus.

Bei Neubeschaffung wird der Euro-V-Norm eingehalten (STADT MÜNSTER, AMT FÜR STADTENTWICKLUNG, STADTPLANUNG, VERKEHRSPLANUNG, ABTEILUNG VERKEHRSPLANUNG 2006).

Im Bahnverkehr sind im Zweckverbund SPNV Münsterland (ZVM) Maßnahmen zur Verbesserung der Infrastruktur vorgesehen. So sollen integrale Taktfahrpläne mit höheren Taktfrequenzen und erweiterten Bedienungszeiten sowie eine verbesserte Verknüpfung von Fahrplänen und Haltestellen im Bus- und Bahnverkehr und mit P+R-Angeboten die Verfügbarkeit optimieren. Zur Erweiterung des Netzes wurden bereits einige stillgelegte WLE-Eisenbahnstrecken wieder reaktiviert (z.B. Enschede, Neubeckum), weitere Reaktivierungen sind in Planung (z.B. Sendenhorst). Mehrere Haltepunkte im Stadtgebiet werden modernisiert oder sollen zukünftig wieder in Betrieb genommen werden (z.B. Roxel, Mecklenbeck) (STADT MÜNSTER, AMT FÜR STADTENTWICKLUNG, STADTPLANUNG, VERKEHRSPLANUNG, ABTEILUNG VERKEHRSPLANUNG 2009).

6.2.8 Fahrradverkehr

In Münster gibt es über 400.000 Fahrräder, nur 4% der Haushalte besitzen überhaupt kein Fahrrad. Mit einem Anteil von 37,6% am Modal Split ist das Fahrrad das am häufigsten genutzte Verkehrsmittel der Münsteraner, der Bundesdurchschnitt in Deutschland beträgt lediglich 9%. Der Radverkehr wird in Münster als Bestandteil der Verkehrsplanung kontinuierlich gefördert und der Ausbau der Infrastruktur (Ausbau des Radwegenetzes, Wegweisesysteme, Parkmöglichkeiten, Verkehrssignale), die Verknüpfung mit dem ÖPNV sowie Serviceangebote und Sicherheitsinformationen stetig vorangetrieben. Aufgrund des hohen Radfahrer-Aufkommens ist Münster als „Fahrradhauptstadt" bekannt, die Promenade als sogenannte „Fahrradautobahn" ist einzigartig, sodass Münster in der Vergangenheit viele Preise und Auszeichnungen gewinnen konnte (HAUFF, HEINEBERG 2011).

Das Radwegenetz in Münster mit einer Gesamtlänge von 460 km gliedert sich in Primär- und Sekundärnetz. An das Primärnetz Promenade schließt sich das Sekundärnetz mit zahlreichen Freigaben für den Radverkehr bei Verboten für den Kfz-Verkehr wie Tempo-30-Zonen, unechte Einbahnstraßen und Fahrradstraßen an. Es gibt viele Sonderregelungen an Kreuzungen mit Fahrradampeln, Bordsteinabsenkungen, Bus- und Radspuren, für Radfahrer freie Fußgängerzonen, durchlässige Sackgassen, Umlaufschranken und Diagonalsperren. Das Radverkehrskonzept für Münster sieht Projekte zur Verbesserung und Entwicklung eines Radroutennetzes mit Verbindungen von Außenbezirken in die Innenstadt, Wegweisungssystemen und Verbindungen abseits der Hauptverkehrsstraßen vor (STADT MÜNSTER, AMT FÜR STADTENTWICKLUNG, STADTPLANUNG, VERKEHRSPLANUNG, ABTEILUNG VERKEHRSPLANUNG 2009).

In der Innenstadt gibt es neben den Radstationen mit 3.940 Stellplätzen noch 6.012 weitere Abstellmöglichkeiten innerhalb der Promenade (STADT MÜNSTER, AMT FÜR STADTENTWICKLUNG, STADTPLANUNG, VERKEHRSPLANUNG 2013[b]). Mit einem Fahrradabstellkonzept, einer Stellplatzsatzung für Neubauten und den Radstationen und B+R-Angeboten auch an den Vorortbahnhöfen (Hiltrup, Zentrum Nord, Sprakel, Amelsbüren) sollen genügend Abstellmöglichkeiten sowie die optimierte Verknüpfung der Verkehrsmittel des Umweltverbunds gesichert werden (STADT MÜNSTER, AMT FÜR STADTENTWICKLUNG, STADTPLANUNG, VERKEHRSPLANUNG, ABTEILUNG VERKEHRSPLANUNG 2009).

Das Fahrrad ist in Münster ein wichtiger Wirtschaftsfaktor. Es schafft Arbeitsplätze, z.B. in Fahrradläden, dient als vielfältiges Transportmittel bei Kurier- und Pflegediensten oder als Rikschas. Auch die Stadt fördert die Fahrradbenutzung ihrer Angestellten. Der im Münsterland populäre Fahrradtourismus ist profitabel für Gastronomie, Hotelbranche und Reiseveranstalter. Als wichtige Kundengruppe für den Einzelhandel „bringen [Radler] dem Einzelhandel Geld in die Kasse" und sichern „mit ihrer Abneigung gegen die „grüne Wiese" [...] die Existenz des traditionellen Einzelhandelsstandorts mit", denn RadfahrerInnen „geben zwar pro Einkauf weniger Geld aus, kommen dafür aber häufiger ins Geschäft und sind damit genauso ausgabefreudig wie Autofahrer" (STADT MÜNSTER, AMT FÜR STADTENTWICKLUNG, STADTPLANUNG, VERKEHRSPLANUNG, PRESSE- UND INFORMATIONSAMT 2009).

Eine Befragung für die Broschüre „Fahrradhauptstadt Münster" verdeutlicht, dass besonders für kürzere Wege das Fahrrad sehr häufig genutzt wird. So bevorzugen 62% der Befragten das Fahrrad bei Weglängen von 1-3 Kilometern, 39% benutzen das Fahrrad für Wege von 3-5 Kilometern, bei Entfernungen von 9-10 Kilometern sind es immer noch 20%. Das Fahrrad eignet sich somit ideal zur Erreichung von Zielen in der Nähe der Wohnung, was für eine Nutzungsmischung und das Konzept der „Stadt der kurzen Wege" spricht (ebd.).

Das Fahrrad als Verkehrsmittel ist in Münster auch bei den übrigen VerkehrsteilnehmerInnen beliebt und akzeptiert. So sprach sich in einer Befragung im Rahmen des Untersuchungsberichts zum Radverkehr in Fußgängerzonen die Mehrheit für eine Nutzungsmischung in Fußgängerbereichen aus. Dementsprechend lag der Zuspruch zwischen 63% (Ludgeristraße) und 86% (Michaelisplatz), je nach Nutzungsart und Bedeutung der Fußgängerbereiche (STADT MÜNSTER, AMT FÜR STADTENTWICKLUNG, STADTPLANUNG, VERKEHRSPLANUNG, ABTEILUNG VERKEHRSPLANUNG 1994).

In Zusammenarbeit mit der AG Fahrradfreundliche Städte und Gemeinden in NRW wird eine offensive Öffentlichkeitsarbeit und Imageförderung geleistet, wozu Wissensvermittlung, Schulungen, Austausch, Medien und Kampagnen, Untersuchungen und Forschung gehören (STADT MÜNSTER, AMT FÜR STADTENTWICKLUNG, STADTPLANUNG, VERKEHRSPLANUNG 2013b).

Der Radverkehr wird in Münster beständig gefördert. Mit dem Radverkehrskonzept 2010 soll die Radverkehrsnutzung weiterentwickelt und gefördert werden. Die Handlungsschwerpunkte liegen auf der Erhöhung der Verkehrssicherheit (Entschärfung von Unfallschwerpunkten, Bildungs-, Reparaturangebote für SchülerInnen und Studierende), dem Ausbau und Erhalt der Radverkehrsinfrastruktur (Lückenschließung, Sanierung, Unterhaltung, Entfernung von Barrieren, Fahrradschleusen und -ampeln, Parken, Wegweisung, P+B-Angebote) sowie dem Ausbau von Information, Kommunikation und Service (Kooperation mit Organisationen, Informationen für Erstsemester- und SchülerInnen, Aktionstage, Befragungen, Preisrätsel) (STADT MÜNSTER, AMT FÜR STADTENTWICKLUNG, STADTPLANUNG, VERKEHRSPLANUNG 2013b).

6.2.9 Fußgänger und Nahmobilität

Unter Nahmobilität versteht man die „individuelle, nichtmotorisierte Mobilität im räumlichen Nahbereich, vorzugsweise zu Fuß und mit dem Fahrrad, aber auch mit anderen nicht motorisierten Verkehrsmitteln" (STADT MÜNSTER, AMT FÜR STADTENTWICKLUNG, STADTPLANUNG, VERKEHRSPLANUNG, ABTEILUNG VERKEHRSPLANUNG 2009). Die Bereitstellung einer sicheren und attraktiven Umgebung und Infrastruktur im Straßenraum vor allem für Kinder und SeniorInnen für wohnungsnahe Versorgungs- und Freizeitangebote ist von großer Bedeutung. Der Fußgängerverkehr gilt, ebenso wie der Radverkehr, in Münster als wichtige Grundlage für ein sicheres, umwelt- und sozialverträgliches Verkehrssystem. Trotzdem ist der Fußgängeranteil im Modal Split seit 1970 um 10% zurückgegangen und liegt mittlerweile bei 15,7% sogar unter dem Bundesdurchschnitt von 23%. Gründe hierfür sind zum einen der hohe Radverkehrsanteil, die dezentrale Siedlungsentwicklung, die zunehmende Motorisierung der Bevölkerung und die kostenlose ÖPNV-Benutzung für SchülerInnen. Dennoch hat der Fußgängerverkehr bei einer Entfernung von 0-2 Kilometern einen Anteil von 31,3% (STADT MÜNSTER, AMT FÜR STADTENTWICKLUNG, STADTPLANUNG, VERKEHRSPLANUNG, ABTEILUNG VERKEHRSPLANUNG 2008).

Im VEP 2025 werden für die Nahmobilität die Ziele für den Ausbau eines attraktiv gestalteten, sicheren und durchgängigen Fußwegenetzes formuliert, sodass für kurze Wege, die auch zu Fuß zurückgelegt werden können, nicht mehr das Auto gebraucht wird und Ziele ohne Umwege erreicht werden können. So sollen Siedlungs- und Industriegebiete eine bessere Durchlässigkeit bekommen, Fußgängerzonen ausgebaut, mehr Querungshilfen installiert und die Wegführung an

Wasserläufen und Grünanlagen attraktiv gestaltet werden. Auch ein verbessertes Fahrradparkkonzept ist notwendig, damit Fahrräder nicht mehr die Gehwege zuparken und das Durchkommen der Fußgänger behindern (STADT MÜNSTER, AMT FÜR STADTENTWICKLUNG, STADTPLANUNG, VERKEHRSPLANUNG, ABTEILUNG VERKEHRSPLANUNG 2009).

6.2.10 Verkehrssteuerung

Im Stadtgebiet von Münster wird seit 2003 schrittweise ein modernes, computergesteuertes, vernetztes Verkehrssteuerungssystem eingeführt, um die Verkehrslage zu entspannen. Dieses umfasst eine verkehrsabhängige Ampelschaltung, ein elektronisches Parkleitsystem und ein ÖPNV-Steuerungssystem, welches auch Vorrangschaltungen für Busse beinhaltet. Mit diesen Maßnahmen soll der Verkehrsablauf durch „Grüne Wellen" und der Verkehrsfluss durch kürzere Wartezeiten verbessert, die Verkehrssicherheit erhöht, der Energieverbrauch und die Lärmbelastung verringert und die Luftqualität verbessert werden. Die Verknüpfung der einzelnen Systeme (Ampeln, Parkleitung, ÖPNV) und die gleichzeitige Präsentation und Bereitstellung von Informationen und aktuellen Verkehrslagen im Internet soll die verträgliche Abwicklung des Verkehrs gewährleisten (STADT MÜNSTER, AMT FÜR STADTENTWICKLUNG, STADTPLANUNG, VERKEHRSPLANUNG, TIEFBAUAMT 2006).

Des Weiteren wird zurzeit auf allen Hauptverkehrsstraßen die Geschwindigkeitsbegrenzung von Tempo 70 auf Tempo 50 gesenkt, in Wohngebieten gilt Tempo 30. Die Einhaltung der Geschwindigkeitsregelungen wird intensiv durch die Polizei überwacht (ORDNUNGSPARTNERSCHAFT VERKEHRSUNFALLPRÄVENTION 2009).

6.2.11 Öffentlichkeitsarbeit

Im Rahmen des Konzepts „münster.mobil" wurden nicht nur Mobilstationen an den Vorortbahnhöfen und Busspuren eingerichtet, sondern auch die Mobilitätsberatung „mobilé" am Bahnhof eingeführt. Sie ist ein Dienstleitungsangebot, wo in Kooperation mit anderen Institutionen (VCD, DB, regionale Verkehrsunternehmen) Serviceleistungen angeboten werden. Neben Ticketverkäufen für Bus und Bahn, Tarif- und Fahrplanauskünften und Mobilitätsberatung für alle Verkehrsmittel werden dort auch Infomaterialien erstellt. In Zusammenarbeit mit Münster Marketing ist die Mobilitätsberatung auch eine Servicestelle für TouristInnen (IFEU, GERTEC 2009).

Zur weiteren Öffentlichkeitsarbeit gehören beispielsweise die einheitliche Gestaltung und Beschilderungen an den Mobilstationen oder Medien- und Literaturangebote zu den Thema Verkehr und Mobilität für Schulen (ebd.).

Des Weiteren leisten vor allem verschiedene Verbraucherverbände wie ADFC, VCD und IHK mit Aktionen, Zeitschriften, Beratungen und Serviceangeboten einen großen Beitrag zur Bewerbung des Umweltverbunds (ebd.).

6.2.12 Mobilitätsmanagement

Die Stadtverwaltung von Münster hat ein dienstliches Mobilitätsmanagement, welches auf nachhaltige Mobilität setzt. Es gibt 250 Dienstfahrräder, eine Fahrradnutzungspauschale für Dienstfahrten mit dem Privat-Rad, ÖPNV und Fahrrad haben Vorrang bei Dienstfahrten. Die MitarbeiterInnen haben erst ab 4.000 km/Jahr einen Anspruch auf einen Dienstwagen, stattdessen kooperiert die Verwaltung mit dem Car-Sharing-Anbieter Stadtteilauto. Auch die Dienstparkplätze wurden sukzessive reduziert und kostenlose Parkmöglichkeiten komplett abgeschafft (IFEU, GERTEC 2009).

Außerdem wird versucht, münsteraner Unternehmen zur verstärkten Fokussierung auf umweltverträgliche Mobilitätsformen zu bringen. So werden im Rahmen des Beratungs- und Kooperationsprojekts „Ökoprofit" Workshops angeboten, in denen Möglichkeiten zur umweltfreundlichen Abwicklung des Wirtschaftsverkehrs aufgezeigt werden. Das Firmen-Abo soll Berufspendler dazu anregen, mit dem ÖPNV statt mit dem privaten Pkw zur Arbeit zu fahren. Die Kampagne „Saubere Luft für Münster" des Umweltamts informiert über Probleme und

Maßnahmen gegen die Luftverschmutzung in Münster und spricht vor allem Berufspendler an, um den Stadt-Umland-Verkehr zu reduzieren, den Anteil der Firmen-Abos zu erhöhen und so die Luftschadstoffbelastung in Münster zu reduzieren (ebd.).

6.3 Zwischenfazit

Teilweise werden in Münster Maßnahmen, die zur Einführung einer autofreien Zone in der Innenstadt notwendig sind und insgesamt zur Minimierung des MIV führen, bereits umgesetzt, andere Maßnahmen sind vorgesehen und in Planung. Auf der anderen Seite gibt es jedoch Schritte, die weder einer autofreien Zone zuträglich sind noch zur Verringerung des Kraftfahrzeugaufkommens führen bzw. Maßnahmen, die ergriffen werden müssten, von der Stadt jedoch nicht vorgesehen sind.

Die Radverkehrsförderung hat in Münster einen hohen Stellenwert, das bestätigt auch die Auszeichnung als „Fahrradfreundlichste Stadt Deutschlands". Laufende Verbesserungen der Infrastruktur, der Verkehrssicherheit und des Services und Maßnahmen zur Information und Kommunikation fördern die Attraktivität des Rads als alltägliches Verkehrsmittel.

Auch im Öffentlichen Personenverkehr bemüht sich die Stadt in Zusammenarbeit mit ihren kommunalen und regionalen Partnern (Stadtwerke, ZVM etc.) um eine Verbesserung des Angebots. So wird der Netzausbau im ÖPNV und SPNV vorangetrieben, Fahrpläne und Takte verdichtet und die Verknüpfung mit anderen Verkehrsmitteln gefördert. Negativ zu bewerten sind allerdings Tariferhöhungen, die auch in Zukunft nicht vermieden werden können.

Im Bereich Mobilitätsmanagement unterstützt die Stadtverwaltung aktiv die Nutzung von ÖPNV, Dienstfahrrädern und Car-Sharing-Angeboten ihrer MitarbeiterInnen, beim betrieblichen Mobilitätsmanagement gibt es gute Ansätze zur Förderung einer nachhaltigen Mobilität von Unternehmen.

In der Öffentlichkeitsarbeit arbeitet die Stadt Münster mit Verbänden wie ADFC, VCD und IHK zusammen, die als wichtige Partner durch verschiedene Aktionen und Kampagnen nachhaltige Mobilitätsformen propagieren und fördern.

Im Bereich des Pkw-Verkehrs soll durch eine Verkehrssteuerung der notwendige Verkehr verträglicher abgewickelt werden. Weitere Maßnahmen zur Vermeidung des hohen Kfz-Verkehrs, v.a. im Stadt-Umland-Verkehr, werden jedoch nicht ergriffen. Das städtische Parkraummanagement wirkt dem sogar entgegen. So wurde in den letzten Jahren die Anzahl der Stellplätze an der Nachfrage orientiert und erhöht, anstatt durch eine angebotsorientierte Parkraumbewirtschaftung Stellplätze zu reduzieren und den MIV einzuschränken (IFEU, GERTEC 2009).

Der Fußverkehr spielt in den Verkehrsplänen bisher eine untergeordnete Rolle und wir nur am Rande angesprochen. Ein Grund dafür, dass der Anteil des Fußverkehrs am Modal Split in Münster deutlich unter dem Bundesdurchschnitt liegt.

Die Luftschadstoff- und Lärmbelastung ist in Münster nach wie vor hoch, Verringerungen konnten nur begrenzt erreicht werden. Mit der Einführung einer Umweltzone und der Aufstellung eines Lärmaktionsplans soll die Situation in Zukunft verbessert werden.

Zwar wurden die Bemühungen der Stadt Münster im Bereich Klimaschutz mit Auszeichnungen mehrfach honoriert („Bundeshauptstadt im Klimaschutz", „European Energy Award"), um die Klimaschutzziele bis 2020 (Verringerung des CO_2-Ausstoßes um 40% ggü. 1990) zu erreichen, reichen die Maßnahmen im Bereich Verkehr jedoch nicht aus (IFEU, GERTEC 2009).

7. Konzept

Als Fazit dieser Arbeit möchte ich ein Konzept für Münster vorschlagen, in dem beschrieben wird, in welchem Umfang eine autofreie Zone in der Altstadt eingeführt werden könnte und welche Maßnahmen bzw. Anpassungen der aktuellen Planungen dazu notwendig sind.

7.1 Begründung

Die Erhaltung der Münsteraner Altstadt und ihrem Stadtbild mit ihren einzigartigen historischen Bauwerken (Kirchen, Rathaus etc.) ist im Hinblick auf den touristischen Stellenwert Münsters als beliebtes überregionales Ausflugsziel von besonderer Bedeutung. Die Münsteraner Innenstadt ist ein bedeutender Einzelhandel- und Dienstleistungsstandort, der durch seine einzigartige Atmosphäre und Aufenthaltsqualität besticht.

Die Lärm- und Luftschadstoffbelastungen vor allem im Innenstadtbereich (vgl. Kap. 6.2.2 und 6.2.3) belasten die Einwohnerinnen und Einwohner, Natur und Umwelt und die Bausubstanz und führen zu einer Verringerung der Lebensqualität.

Zur Optimierung der genannten Vorzüge und Verbesserung der Aufenthaltsqualität und -dauer für BewohnerInnen und BesucherInnen sollen weitere Bereiche der Innenstadt autofrei und fußgängerfreundlich gestaltet werden, damit für Einzelhandel, Gastronomie, Tourismus und soziale Interaktion vermehrt Freiflächen zur Verfügung stehen (s. Abb. 11, Anhang).

In Münster gibt es hierfür bereits optimale Voraussetzungen hinsichtlich Modal Split (insb. der hohe Radverkehrsanteil), Infrastruktur und verkehrsplanerischen Maßnahmen.

Damit eine „autofreie Innenstadt" erfolgreich umgesetzt werden kann, ohne dass es zu Verkehrsbeeinträchtigungen kommt und gleichzeitig die Attraktivität Münsters als Einzelhandelsstandort verbessert wird, sollen parallel mit restriktiven Maßnahmen für den privaten Pkw-Verkehr Förderungen für den Umweltverbund und eine umfassende Öffentlichkeitsarbeit durchgeführt werden.

Hierzu bedarf es eines ganzheitlichen und integrativen Stadt- und verkehrsplanerischen Konzepts, welches im Einvernehmen aller relevanten Akteure umgesetzt werden soll. Dazu sind auch die in der Gesamtverkehrsplanung und den verschiedenen Fachplänen festgelegten Ziele (vgl. Abb. 14, Anhang) zur Förderung einer nachhaltigen Mobilität fortzuführen und umzusetzen. Dabei ist, besonders im Hinblick auf den demographischen Wandel, ein barrierefreier und sozial gerechter Zugang zur Mobilität zu berücksichtigen, sodass niemand aufgrund seines Alters oder Einkommens in seinen Mobilitätsbedürfnissen eingeschränkt wird.

Im Folgenden sollen übergeordnete Maßnahmen sowie Maßnahmen in den Bereichen Restriktionen für den MIV, Förderung des Umweltverbunds und Öffentlichkeitsarbeit dargestellt und erläutert werden.

7.2 Übergeordnete Maßnahmen

a) Analyse aller Stakeholder/Akteure und anschließende umfangreiche Konsultation
Die von der Planung betroffenen Akteure aus Politik, Verwaltung, Interessensverbänden, Wirtschaft und Bevölkerung sollen analysiert und von Beginn an mit in den Planungsprozess einbezogen werden. Das sind z.B.:
- BürgerInnen
- AnwohnerInnen
- Einzelhandel
- BesucherInnen/TouristInnen
- Interessensverbände, z.B. VCD, ADAC, ADFC

b) Integrativer Planungsprozess
Unterschiedliche Abteilungen der Stadtverwaltung sowie weitere Verbände und Institutionen sollen in einem integrativen Planungsprozess intensiv zusammenarbeiten. Das sind z.B.:

- Amt für Stadtentwicklung, Stadtplanung, Verkehrsplanung
- Amt für Grünflächen und Umweltschutz
- Amt für Immobilienmanagement
- Münster Marketing
- Presse- und Informationsamt
- Ordnungspartnerschaft Verkehrsunfallprävention
- Interessensverbände (ADFC, VCD, ADAC)

Die Maßnahmen sollen regelmäßig an „Runden Tischen" oder „Foren" diskutiert werden. Die städtische Verwaltung soll hierbei eine Rolle als „Lieferantin von Entscheidungsgrundlagen im Planungsprozess" erbringen (vgl. ACHNITZ 1997).

c) Zu Beginn des Planungsprozesses sollen umfangreiche Befragungen zur Einstellung der Bevölkerung sowie Erhebungen zum Verkehrsaufkommen/Parksituation/Fahrgäste/KundInnen im Einzelhandel durchgeführt bzw. bereits erhobene Daten zusammengetragen werden, sodass diese als Planungsgrundlage dienen können. Später soll ein umfangreiches Monitoring durchgeführt werden.

d) Die im Flächennutzungsplan aufgestellten Programme zur Stärkung der Stadtteilzentren, Schaffung von Wohnraum innerhalb der Stadtgrenzen und Verbot von Planungen auf der „grünen Wiese" sollen fortgesetzt werden, sodass Verkehr innerhalb der Stadt vermieden werden kann (vgl. STADT MÜNSTER, AMT FÜR GRÜNFLÄCHEN UND UMWELTSCHUTZ 2003).

e) Die Stadt Münster soll auf Funktionen verzichten, die auch von Mittelzentren im Münsterland übernommen werden können (ebd.).

7.3 Restriktive Maßnahmen für den MIV

a) Die für die Gesamtverkehrsplanung festgelegten Ziele im Verkehrsentwicklungsplan und zur Verkehrsberuhigung und Verkehrssicherheit zur Sicherstellung der nachhaltigen Funktionalität des Verkehrssystems sind umzusetzen.

b) Dauerhafte Ausweitung der „autofreien" und fußgängerfreundlichen Gebiete in der Innenstadt innerhalb der Promenade (s. Abb. 8)
Durch die Strukturierung der Straßen im Stadtgebiet in einem Ringsystem mit sternförmigen Einfallsstraßen, bietet es sich an, die Kernzone vom Autoverkehr zu befreien und Durchgangsverkehr zu vermeiden ohne dass der großräumige Verkehr beeinflusst wird und Zufahrtsstraßen und Verbindungsachsen erhalten bleiben. Dazu gehören die B54/219 (Hammer Str./ Weseler Str./ Steinfurter Str./ Grevener Str.), die L793 (Moltkestr./ Ludgeriplatz/ Eisenbahnstraße). Zufahrtmöglichkeiten zu den Parkhäusern und -plätzen Theater, Schlossplatz, Aegidii, Georgskommende, Bremer Platz, Engelenschanze und Bahnhofstraße bleiben so ebenfalls erhalten.
Für folgende Gruppen sollen, z.T. zeitlich begrenzte, Ausnahmeregelungen gelten:
- AnwohnerInnen
- Busverkehr
- Lieferverkehr
- Rettungswagen (Polizei, Krankenwagen, Feuerwehr)
- Taxis

Mit der Aufstellung der entsprechenden Vorschriftzeichen 250 („Verbot für Fahrzeuge aller Art") nach Anlage 2 zu § 41 Absatz 1 StVO sollen die autofreien Bereiche und eventuelle Ausnahmeregeln kenntlich gemacht werden (s. Abb. 12, Anhang).

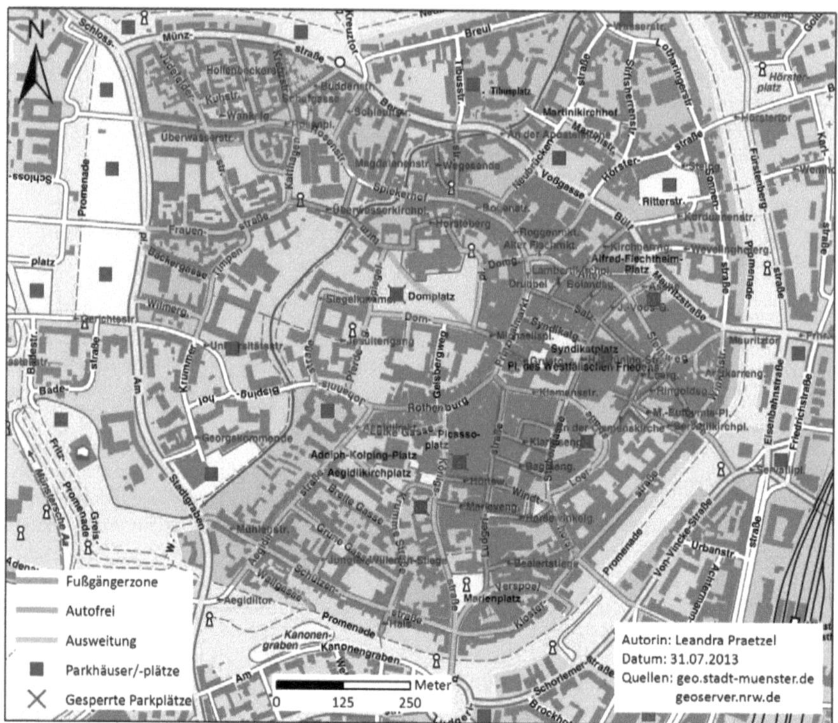

Abbildung 8: Mögliche autofreie Zone in der Altstadt

c) Stilllegung der Parkhäuser Alter Steinweg (350), Karstadt (183), Stubengasse (318), Arkaden (248), Domplatz (111) und Wegfall der gebührenfreien (156) und mit Parkscheinautomat/-uhr benutzbaren Stellplätze (298)

Das ergibt in der Summe 1.664 Stellplätze von insgesamt 6.750 öffentlich zugänglichen Stellplätzen im Bereich Innenstadt/Hbf (vgl. Tab. 7, Kap. 6.2.6), das entspricht einer Reduktion der Stellplätze um 25 %. Der städtische Beirat für Klima und Energie fordert in der Energie- und Klimainventur für die Stadt Münster sogar eine Reduktion der Stellflächen um 1/3 (vgl. STADT MÜNSTER, AMT FÜR GRÜNFLÄCHEN UND UMWELTSCHUTZ 2003).

Die Parkflächen können entweder in weitere Radstationen umgebaut oder als Stellplätze für AnwohnerInnen genutzt werden, denn hier besteht ein erhebliches Defizit - auf einen Anwohnerstellplatz kommen je nach Viertel zwei bis fünf Parkberechtigungen (vgl. Kap. 6.2.6). Dies würde zusätzlich die Stellplatzsituation für Fahrräder und Pkws am Straßenrand entlasten und somit mehr Freiraum schaffen bzw. Konflikte mit anderen VerkehrsteilnemerInnen (insb. FußgängerInnen) minimieren.

Der Parkplatz Domplatz hat für die münsteraner Bevölkerung nur eine geringe Bedeutung. Die Umfrage des Münster Barometers im Frühjahr 2013 auf Basis von 655 computergestützten Telefoninterviews hat ergeben, dass 65% der Befragten den Domplatz nie als Parkplatz nutzen und 23% selten, 52% fühlen sich überhaupt nicht durch die baustellenbedingten Sperrungen beeinträchtigt. 43% der Befragten glauben, dass man komplett auf den Parkplatz verzichten könnte (HEYSE, WILD 2013).

Zur Erfassung der Auswirkungen der Sperrungen von Teilen der Altstadt sollen Erhebungen bezüglich der Sperrungen Pferdegasse/Bispinghof/Domplatz durchgeführt werden. So zeigen beispielweise die Ergebnisse des Münster Barometers, dass sich rund die Hälfte der Befragten weder von der Sperrung des Parkplatzes noch von der Umleitung der Buslinien beeinträchtigt fühlen (HEYSE, WILD 2013).

d) Anpassung der Parkgebühren
Die Gebühren für die Parkplätze sollen sich mit steigender Parkdauer erhöhen und nicht, wie es zur Zeit in Münster geregelt ist, ab der zweiten Stunde verringern (vgl. STADT MÜNSTER, TIEFBAUAMT 2013[b]).

e) Tempo 30 im Stadtgebiet
Flächendeckende Einführung von Tempo-30-Zonen im Stadtgebiet, insbesondere in der Innenstadt in den autobefreiten Zonen sowie konsequente Überwachung.

f) Sperrung der L843 für den Durchgangsverkehr
Zur Entlastung der Innenstadt vom Durchgangsverkehr, Verbesserung der Luftqualität (vgl. Tab. 5, Kap. 6.2.2) sowie Verringerung der Lärmbelastung (vgl. Kap. 6.2.3) soll die L843 für den Durchgangsverkehr gesperrt werden, sodass nur die Zufahrt zu den Parkhäusern und -plätzen Theater, Tibusstraße und Hörsterstraße und für AnwohnerInnen ermöglicht wird. Durch die Aufstellung von Einfahrt-Verbotszeichen (Zeichen 267 nach StVO) auf Höhe der Neubrückenstraße ist die Zufahrt zu Parkmöglichkeiten und für AnwohnerInnen aus beiden Richtungen gewährleistet, der Durchgangsverkehr wird gleichzeitig unterbunden.

7.4 Förderung des Umweltverbunds

a) Die im Radverkehrskonzept 2010 festgelegten Ziele zur Erhöhung der Verkehrssicherheit, zum Ausbau und Unterhalt der Infrastruktur (Radwege, Signalanlagen, Abstellanlagen, Wegweisung) und zum Ausbau von Kommunikation, Information und Service sind umzusetzen.
Die im 2. Nahverkehrsplan festgelegten Ziele zur Verbesserung der Bedienungs-(Netze, Linien, Takte, Bedienungszeiten) und Beförderungsqualitäten (Personal, Fahrzeuge, Infrastruktur, Kommunikation und Information) im Stadtbus- und Regionalbusverkehr sind umzusetzen.

b) Stadtbahn
Zur Attraktivierung des ÖPNV, Bewältigung des steigenden Fahrgastaufkommens und Entlastung der Altstadt vom Busverkehr soll nach dem Karlsruher Modell (Verknüpfung von Straßenbahn und Eisenbahn zur Regionalstadtbahn) eine Stadtbahn in Münster eingeführt werden (vgl. STADT MÜNSTER, AMT FÜR GRÜNFLÄCHEN UND UMWELTSCHUTZ 2003). Es soll geprüft werden, auf welchen Strecken dies möglich und rentabel wäre. Dadurch kann der ÖPNV-Anteil erheblich gesteigert werden (Bsp. Freiburg 21%).

c) Finanzierung und Kundenakquise im ÖPNV
- Einführung von „Schnupper-Angeboten" zur Gewinnung neuer Konsumentengruppen, z.B.:
        - (zeitlich begrenzter) Führerscheintausch gegen kostenloses ÖPNV-Ticket
        - Paten-Ticket (bei Abschluss einer Abos)
        - Kostenlose ÖPNV-Nutzung in Verbindung mit einem Parkticket
- Einführung eines kostenlosen ÖPNV-Modells

d) Vorfahrt auf der Promenade
Die Promenade ist Primärnetz für den Radverkehr in Münster und bekannt als „Fahrradautobahn". Trotzdem müssen Radfahrer beim Überqueren der Einfallstraßen in die Innenstadt Vorfahrt gewähren. Die Ausweisung des Promenadenrings als Vorfahrtsstraße würde den RadfahrerInnen ein uneingeschränktes Durchkommen sichern und könnte die Pkw-Fahrten

in die Altstadt reduzieren, da diese an den Kreuzungsstellen längere Wartezeiten in Kauf nehmen müssten.

e) Grüne Wellen für Radfahrer
Das Verkehrssteuerungssystem in Münster ermöglicht dem Pkw-Verkehr ein reibungsloses Durchkommen an Lichtsignalanlagen, die Grünphasen sind jedoch für die langsamer fahrenden RadfahrerInnen zu kurz. Daher sollen auf die Geschwindigkeit des Radverkehrs angepasste „Grüne Wellen"-Schaltungen eingeführt werden, zur Unterstützung sollen LED-Leiteinrichtungen angebracht werden, an denen die RadfahrerInnen ihre Geschwindigkeit orientieren können (s. Abb. 13, Anhang). Zusätzliche Vorrangschaltungen sollen den Radverkehr bevorzugen, so sollen Radfahrer-Ampeln früher umschalten als die für den Pkw-Verkehr, wie dies beispielsweise in Kopenhagen eingeführt wurde. Dort schalten die Ampeln für RadfahrerInnen sechs Sekunden vor dem Autoverkehr auf grün um.

f) Abstellplätze für Fahrräder
Zur Behebung der problematischen Abstellverhältnisse für Fahrräder, die oftmals Gehwege blockieren, sollen die Fahrradstellplätze ausgebaut werden. Dazu eignen sich sogenannte Fahrradbügel, wie sie in Dresden eingeführt wurden, eine kostengünstige und einfach zu errichtende Alternative (vgl. BMVBS 2008).

g) Zur Bindung von Schadstoffen, Lärmvermeidung und Aufwertung des Stadtbilds sollen Straßenränder begrünt werden, Straßen und Plätze in der Innenstadt sollen attraktiv und fußgängerfreundlich gestaltet werden (z.B. Sitzgelegenheiten).

7.5 Öffentlichkeitsarbeit

a) Die in der Gesamtplanung und in den verschiedenen Fachplänen vorgesehenen Maßnahmen zur Förderung der Kommunikation und Information der BürgerInnen sind umzusetzen.

b) Durchführung von autofreien Aktionstagen
Im Vorfeld der dauerhaften Einführung der „autofreien" Zone sollen Aktionstage (wie z.B. in Hannover, Bremen, Hamburg, Waldbröl) organisiert werden, die den Menschen beispielhaft die Vorteile aufzeigen, sodass diese sich an die neuen Umstände langsam gewöhnen und ihr Verhalten adaptieren können.
Diese Aktionstage sollen in Verbindung mit anderen Aktionen durchgeführt werden, die illustrieren, wie man den entstehenden Freiraum nutzen kann, z.B. verkaufsoffener Sonntag, kostenloser ÖPNV, kostenloser Eintritt in Museen, Kultur- und Bühnenprogramm auf der Straße. Geeignete Tage hierzu sind europa- oder weltweite Aktionstage, wie z.B.:
- die europäische Woche der Mobilität (jährlich vom 16.-22. September)
- der weltweite autofreie Tag (jährlich am 22. September)

c) Positives Gesamtmarketing in Zusammenarbeit mit Tourismus und lokaler Presse (vgl. SCHÜNEMANN 1997)
Eine „autofreie" Innenstadt soll bei den Menschen keine negativen Assoziationen hervorrufen. Stattdessen sollen in einem Marketingkonzept die Vorzüge (z.B. bezüglich Aufenthaltsqualität und Einkaufsstandort) hervorgehoben werden. Auch negativ konnotierte Begriffe sollen in diesem Zusammenhang vermieden werden.

8. Verzeichnisse

8.1 Literatur

26. BImSchV (2006): Sechzehnte Verordnung zur Durchführung des Bundes-Immissionsschutzgesetzes - Verkehrslärmschutzverordnung i. d. F. d. B. v. 1.10.2006 (BGBl. I S. 2146)

39. BImSchV (2010): Neununddreißigste Verordnung zur Durchführung des Bundes-Immissionsschutzgesetzes - Verordnung über Luftqualitätsstandards und Emissionshöchstmengen i. d. F. d. B. v. 2.8.2010 (BGBl. I S. 1065)

ACHNITZ, P. (1997): Verkehrsplanung in Nürnberg - Bilanz und Perspektiven der Entwicklung der Fußgängerzonen in der Altstadt. In: MONHEIM, R. (Hrsg.): „Autofreie" Innenstädte - Gefahr oder Chance für den Handel? Teil B: Nürnberg, Lüneburg, Marburg. Bayreuth. S. 7-18 (= Arbeitsmaterialien zur Raumordnung und Raumplanung, Heft 134)

APEL, D. (1999): Ausblick: Stadtentwicklung „Kompakt, Mobil, Urban"? Strategien und Instrumente zum Umgang mit Fläche und Verkehr. In: HESSE, M. (Hrsg.): Siedlungsstrukturen, räumliche Mobilität und Verkehr. Auf dem Weg zur Nachhaltigkeit in Stadtregionen? Erkner. S. 121-130 (= Graue Reihe 20)

AUTOFREI LEBEN! E.V. (o.J.): Autofreie Tage. Online unter: http://www.autofrei.de/index.php/aktiv-werden/autofreie-tage (abgerufen am 5.6.2013 um 13:45 Uhr)

AUTOFREIE SIEDLUNG WEIßENBURG E.V. (2013): Leben ohne PKW - und trotzdem mobil! Online unter: http://www.muenster.org/weissenburg/cms/index.php/leben-ohne-pkw.html (abgerufen am 9.8.2013 um 18:11 Uhr)

BAIER, R. (1997): Der Einfluß MIV-restriktiver Maßnahmen auf die Entwicklung des innerstädtischen Einzelhandels. In: MONHEIM, R. (Hrsg.): „Autofreie" Innenstädte - Gefahr oder Chance für den Handel? Teil A: Allgemeine Zusammenhänge, Aachen, Lübeck. Bayreuth. S. 7-16 (= Arbeitsmaterialien zur Raumordnung und Raumplanung, Heft 134)

BATTISTINI, S. (2012): OPNV zum Nulltarif – Möglichkeiten und Grenzen. Berlin

BECKMANN, K.J., KLÖNNE, M. (2005): Szenarien und Politikstrategien für eine nachhaltige Mobilität. In: LEHRSTUHL UND INSTITUT FÜR STADTBAUWESEN UND STADTVERKEHR (ISB) RWTH AACHEN (Hrsg.): Stadt Region Land. Aachen

BERGMANN, M., LOOSE, W. (1996): Sommer, Sonne - Ozonalarm? Perspektiven für eine umweltgerechte Mobilität in der Stadt. 1. Auflage. Freiburg (Breisgau)

BERGMANN, S. (2013): Drastischer Plan zur Lärmverringerung. Online unter: http://www.muensterschezeitung.de/lokales/muenster/Verkehr-Drastischer-Plan-zur-Laermverringerung;art993,1896677 (abgerufen am 10.7.2013 um 17:05 Uhr)

BEZIRKSREGIERUNG MÜNSTER (Hrsg.) (2009): Luftqualitätsplan für das Stadtgebiet Münster. Münster

BICKELBACHER, P. (2002): Bike + Ride aus Nutzersicht. Umweltfreundlich, schnell und praktisch. In: KAGERMEIER, A., MAGER, T.J., ZÄNGLER, T.W. (Hrsg.): Mobilitätskonzepte in Ballungsräumen. Mannheim. S. 145-156 (= Studien zur Mobilitäts- und Verkehrsforschung, Bd. 2)

BROCKELT, M. (1997): Die innere Erreichbarkeit innerstädtischer Einzelhandels- und Dienstleistungsbereiche – untersucht am Beispiel der „fußgängerfreundlichen Innenstadt" Aachen. In: MONHEIM, R. (Hrsg.): „Autofreie" Innenstädte - Gefahr oder Chance für den Handel? Teil A: Allgemeine Zusammenhänge, Aachen, Lübeck. Bayreuth. S. 79-90 (= Arbeitsmaterialien zur Raumordnung und Raumplanung, Heft 134)

BUBA, H., GRÖTZBACH, J., MONHEIM, R. (2010): Nachhaltige Mobilitätskultur. Mannheim (= GATHER, M., KAGERMEIER, A., LANZENDORF, M. (Hrsg.): Studien zur Mobilitäts- und Verkehrsforschung, Band 22)

BIMMSCHG (2002): Bundesimmissionsschutzgesetz i. d. F. d. B. v. 26. 9.2002 (BGBl. I S. 3830)

BUNDESAMT FÜR RAUMENTWICKLUNG (ARE), BUNDESAMT FÜR STRASSEN (ASTRA) (2006): Die Nutzen des Verkehrs. Teilprojekt 2: Beitrag des Verkehrs zur Wertschöpfung in der Schweiz. Zürich

BUNDESMINISTERIUM FÜR UMWELT, NATURSCHUTZ UND REAKTORSICHERHEIT (BMU), UMWELTBUNDESAMT (UBA) (2010): Umweltbewusstsein in Deutschland 2010 Ergebnisse einer repräsentativen Bevölkerungsumfrage. 1. Auflage. Berlin, Dessau

BUNDESMINISTERIUM FÜR UMWELT, NATURSCHUTZ UND REAKTORSICHERHEIT (BMU), UMWELTBUNDESAMT (UBA) (2012): Daten zum Verkehr. Ausgabe 2012. 1. Auflage. Berlin, Dessau

BUNDESMINISTERIUM FÜR VERKEHR, BAU UND STADTENTWICKLUNG (BMVBS) (2008): Vernetzung im Verkehr. Gute Beispiele der Verbesserung von städtischen Quartieren. Bonn

BUNDESMINISTERIUM FÜR VERKEHR, BAU UND STADTENTWICKLUNG (BMVBS) (2012): Nationaler Radverkehrsplan 2020. Den Radverkehr gemeinsam weiterentwickeln. 2. Auflage. Berlin

BURWITZ, H., KOCH, H., KRÄMER-BADONI, T. (1992): Leben ohne Auto. Neue Perspektiven für eine menschliche Stadt. 1. Auflage. Hamburg

CAIRNS, S., HASS-KLAU, C., GOODWIN, P. B. (1998): Traffic impact of highway capacity reductions: assessment of the evidence. London

CERWENKA, P. (1996): Zuckerbrot und/oder Peitsche zum Umsteigen auf den ÖPNV? In: Internationales Verkehrswesen, 1996, Nr.6, S. 27-30

CRAWFORD, J.-H. (2004): Carfree Cities. 1. Auflage. Utrecht

DANGSCHAT, J.S., SEGERT, A. (2011): Nachhaltige Alltagsmobilität - soziale Ungleichheiten und Milieus. In: Österreichische Zeitung für Soziologie, Band 36, Nr. 2, S. 55-73

DURANTON, G., TURNER, M. A. (2011): The Fundamental Law of Road Congestion: Evidence from US Cities. In: American Economic Review, Vol. 101 No.6, S. 2616-2652

EICHENBERGER, P. (1994): Veränderungsprozesse und Entwicklungschancen des innerstädtischen Einzelhandels am Beispiel der Verkehrspolitik und Ladenöffnungszeiten der Stadt Basel. Basel (Dissertation an der Philosophisch-Historischen Fakultät der Universität Basel)

FÜSSER, K. (1997): Stadt, Straße & Verkehr. Ein Einstieg in die Verkehrsplanung. 1. Auflage. Braunschweig/Wiesbaden

GAFFRON, DR. P. (2010): Persönliche Mobilität als Teilhabechance, Mobilität der Anderen als Belastungsrisiko - zwei Aspekte des sozialen Diskurses in der Verkehrsplanung. S. 16-37. In: ILS - INSTITUT FÜR LANDES- UND STADTENTWICKLUNGSFORSCHUNG (Hrsg.) (2011): Mobil sein - dabei sein! Nachhaltige Mobilität als Chance gesellschaftlicher Teilhabe. Dortmund (= ILS-Kolloquien Wintersemester 2010/11)

GOOGLEMAPS (2011): Unfallschwerpunkte in Münster. Online unter: http://maps.google.de/maps/ms?ie=UTF8&oe=UTF8&msa=0&msid=206064367322171251 662.0004a7c9174880b1afa6c (abgerufen am 31.7.2013 um 18:36 Uhr)

GÖTZ, K. (1999): Mobilitätsstile – Folgerungen für ein zielgruppenspezifisches Marketing. In: Friedrichs, J., HOLLAENDER, K. (1999): Stadtökologische Forschung. Theorien und Anwendungen. Berlin. S. 299-326 (= Stadtökologie, Band IV)

GSÄNGER, M. (1997): Politische Probleme für eine nachhaltige Verkehrsplanung. In: BIRZER, M., FEINDT, P.H., SPINDLER, E.A.: Nachhaltige Stadtentwicklung. Konzepte und Projekte. Bonn. S. 144-153

HAUFF, T., HEINEBERG, H. (Hrsg.) (2011): Münster – Stadtentwicklung zwischen Tradition, Herausforderungen und Zukunftsperspektiven. Münster (= Städte und Gemeinden in Westfalen, Band 12)

HESSE, M. (1999): Stadt und Verkehr. Fünf Thesen zu Theorie und Praxis einer besonderen Beziehung. In: HESSE, M. (Hrsg.): Siedlungsstrukturen, räumliche Mobilität und Verkehr. Auf dem Weg zur Nachhaltigkeit in Stadtregionen? Erkner. S. 7-16 (=Graue Reihe 20)

HEYSE, M. , WILD, N. (Forschungsgruppe BEMA am Institut für Soziologie der Westfälischen Wilhelms-Universität) (2013): Münster-Barometer. Frühjahr 2013. Münster

HOBERG, H. (2012): Autofreie Innenstädte - Ein Plädoyer. Online unter: http://besser-wachsen.com/2012/02/17/das-konzept-einer-autofreien-innenstadt-am-beispiel-wiesbadens-von-hannes-hoberg/ (abgerufen am 15.1.2013 um 12:26 Uhr)

IFEU - INSTITUT FÜR ENERGIE- UND UMWELTFORSCHUNG HEIDELBERG, GERTEC GMBH (2009): Klimaschutzkonzept 2020 für die Stadt Münster. Endbericht. Heidelberg, Essen

INFRAS (2007): Externe Kosten des Verkehrs in Deutschland. Aufdatierung 2005. Zürich

JANßEN, A. (2012): Lärmaktionsplanung für die Stadt Münster - Grundlagen und Maßnahmen. Kassel (Vortrag im Rahmen des Lärmforums der Stadt Münster am 21.11.2012)

KEMMING, H. (2001): Ansätze einer nachhaltigen Siedlungs- und Mobilitätspolitik. In: INSTITUT FÜR LANDES- UND STADTENTWICKLUNGSFORSCHUNG DES LANDES NORDRHEIN-WESTFALEN (ILS) (Hrsg.) (2001): Stadt macht Zukunft. Neue Impulse für eine nachhaltige Infrastrukturpolitik. Dortmund. S. 63-74

KNOFLACHER, H. (2011): Wie viel und welchen ÖPNV braucht die moderne Stadt? In: MAGER, T.J. (Hrsg.) (2011): Nachhaltige Mobilität – vom Mobilitätsmanagement bis zur Elektromobilität. Köln. S. 29-42

KOCH, K. (o.J.): Tod vom Allerfeinsten. Auswirkungen der lufthygienisch wichtigsten Schadstoffe auf die Gesundheit. Online unter: http://www.duh.de/uploads/media/Schadstoffe_02.pdf (abgerufen am 10.7.2013 um 16:3 Uhr)

LK ARGUS KASSEL GMBH (2010): Expertise „Mobilität Münster / Münsterland 2050". Bericht November 2010. Kassel

MAHNKE, L. (1997): Konzepte und Auswirkungen der "fußgängerfreundlichen Innenstadt" Aachen aus der Sicht der Wirtschaft. In: MONHEIM, R. (Hrsg.): „Autofreie" Innenstädte - Gefahr oder Chance für den Handel? Teil A: Allgemeine Zusammenhänge, Aachen, Lübeck. Bayreuth. S. 44-48 (= Arbeitsmaterialien zur Raumordnung und Raumplanung, Heft 134)

MOTZKUS, A. H. (2002): Dezentrale Konzentration - Leitbild für eine Region der kurzen Wege?. Auf der Suche nach einer verkehrssparsamen Siedlungsstruktur als Beitrag für eine nachhaltige Gestaltung des Mobilitätsgeschehens in der Metropolregion Rhein-Main. Sankt Augustin (=Bonner Geographische Abhandlungen, Heft 107)

ORDNUNGSPARTNERSCHAFT VERKEHRSUNFALLPRÄVENTION (Hrsg.) (2009): Ordnungspartnerschaft Verkehrsunfallprävention Münster. Münster

ORSKI, C. K. (1972): Benefits and Drawbacks of Car-free Zones in City Centres. In: OECD Observer, 56, S. 6-9

PACHMAJER, M. (1995): Die autofreie Stadt. Bewertung eines Leitbildes (Seminararbeit am Fachbereich Geowissenschaften/Geographie der Johann Wolfgang Goethe-Universität Frankfurt am Main). Frankfurt

POTH, R. (1997): Konzepte und Auswirkungen der „fußgängerfreundlichen Innenstadt" Aachen aus Sich der Stadt. In: MONHEIM, R. (Hrsg.): „Autofreie" Innenstädte - Gefahr oder Chance für den Handel? Teil A: Allgemeine Zusammenhänge, Aachen, Lübeck. Bayreuth. S. 37-43 (= Arbeitsmaterialien zur Raumordnung und Raumplanung, Heft 134)

RYAN, L., TURTON, H. (2007): Sustainable Automobile Transport. Shaping Climate Change Policy. 1. Auflage. Cheltenham/Northampton

SCHEINER, J. (2008): Einkaufsverkehr im räumlichen und sozialen Kontext: Die Bedeutung von Wohnstandortwahl, Lebenslage und Lebensstil. In: KAGERMEIER, A., MAGER, T.J., ZÄNGLER, T.W. (Hrsg.): Mobilitätskonzepte in Ballungsräumen. Mannheim. S. 37-64 (= Studien zur Mobilitäts- und Verkehrsforschung, Bd. 2)

SCHINDLER, J., HELD, M. (2009): Postfossile Mobilität. Wegweiser für die Zeit nach dem Peak Oil. Bad Homburg

SCHREINER, M. (2002): IMBUS – Information, Beratung, Marketing und Service…der Schlüssel zu mehr nachhaltiger Mobilität in München. In: KAGERMEIER, A., MAGER, T.J., ZÄNGLER, T.W. (Hrsg.): Mobilitätskonzepte in Ballungsräumen. Mannheim. S. 125-132 (= Studien zur Mobilitäts- und Verkehrsforschung, Bd. 2)

SCHULTE, S. (1997): Verhalten und Einstellung der Umlandbewohner bezüglich der "fußgängerfreundlichen Innenstadt" Aachen. In: MONHEIM, R. (Hrsg.): „Autofreie" Innenstädte - Gefahr oder Chance für den Handel? Teil A. Allgemeine Zusammenhänge. Aachen. Lübeck. Bayreuth. S. 91-100 (= Arbeitsmaterialien zur Raumordnung und Raumplanung, Heft 134)

SCHÜNEMANN, H. (1997): Das integrierte Verkehrskonzept der Hansestadt Lübeck - der Weg zur täglichen autofreien Altstadt. In: MONHEIM, R. (Hrsg.): „Autofreie" Innenstädte - Gefahr oder Chance für den Handel? Teil A: Allgemeine Zusammenhänge, Aachen, Lübeck. Bayreuth. S. 101-126 (= Arbeitsmaterialien zur Raumordnung und Raumplanung, Heft 134)

SEEWER, U (1997): Strategien bei der Einführung großflächiger Fußgängerbereiche in der deutschsprachigen Schweiz und in Deutschland: ein Vergleich der Städte Bern, Zürich, Aachen und Nürnberg. In: MONHEIM, R. (Hrsg.): „Autofreie" Innenstädte - Gefahr oder Chance für den Handel? Teil A: Allgemeine Zusammenhänge, Aachen, Lübeck. Bayreuth. S. 27-36 (= Arbeitsmaterialien zur Raumordnung und Raumplanung, Heft 134)

SEEWER, U. (2000): Fußgängerbereiche im Trend? Strategien zur Einführung grossflächiger Fussgängerbereiche in der Schweiz und in Deutschland im Vergleich in den Innenstädten von Zürich, Bern, Aachen und Nürnberg. Bern

STADT MÜNSTER, AMT FÜR GRÜNFLÄCHEN UND UMWELTSCHUTZ (Hrsg.) (2003): Energie- und Klimainventur der Stadt Münster. Bilanzierung des Energieeinsatzes und der Treibhausgasemissionen für das Jahr 2000. 1. Auflage. Münster (= Werkstattberichte zum Umweltschutz 5/2003)

STADT MÜNSTER, AMT FÜR STADTENTWICKLUNG, STADTPLANUNG, VERKEHRSPLANUNG (2013[a]): Jahres-Statistik 2012 - Verkehr. Münster. Online unter: http://www.muenster.de/stadt/stadtplanung/pdf/Jahres-Statistik_2012_Verkehr.pdf (abgerufen am 13.6.2013 um 15:31 Uhr)

STADT MÜNSTER, AMT FÜR STADTENTWICKLUNG, STADTPLANUNG, VERKEHRSPLANUNG (2013[b]): Radverkehrskonzept 2010 - Mit dem Rad in die Zukunft. Online unter: http://www.muenster.de/stadt/stadtplanung/radverkehr-konzept2010.html (abgerufen am 13.6.2013 um 16:11 Uhr)

STADT MÜNSTER, AMT FÜR STADTENTWICKLUNG, STADTPLANUNG, VERKEHRSPLANUNG, ABTEILUNG VERKEHRSPLANUNG (Hrsg.) (1994): Radverkehr in Fußgängerzonen. Untersuchungsbericht. 1. Auflage. Münster

STADT MÜNSTER, AMT FÜR STADTENTWICKLUNG, STADTPLANUNG, VERKEHRSPLANUNG, ABTEILUNG VERKEHRSPLANUNG (Hrsg.) (2002): Parkraumkonzept Münster 2010 Altstadt / Hbf-Bereich. Münster

STADT MÜNSTER, AMT FÜR STADTENTWICKLUNG, STADTPLANUNG, VERKEHRSPLANUNG, ABTEILUNG VERKEHRSPLANUNG (Hrsg.) (2006): 2. Nahverkehrsplan Stadt Münster. Münster

STADT MÜNSTER, AMT FÜR STADTENTWICKLUNG, STADTPLANUNG, VERKEHRSPLANUNG, ABTEILUNG VERKEHRSPLANUNG (Hrsg.) (2008): Verkehrsverhalten und Verkehrsmittelwahl der Münsteraner. Ergebnisse einer Haushaltsbefragung im November 2007. 1. Auflage. Münster

STADT MÜNSTER, AMT FÜR STADTENTWICKLUNG, STADTPLANUNG, VERKEHRSPLANUNG, ABTEILUNG VERKEHRSPLANUNG (Hrsg.) (2009): 1. Zwischenbericht Verkehrsentwicklungsplan Münster 2025. Baustein I: Analyse. Münster

STADT MÜNSTER, AMT FÜR STADTENTWICKLUNG, STADTPLANUNG, VERKEHRSPLANUNG, PRESSE- UND INFORMATIONSAMT (Hrsg.) (2009): Fahrradhauptstadt Münster. Alle fahren Rad: gestern, heute, morgen. 2. Auflage. Münster

STADT MÜNSTER, AMT FÜR STADTENTWICKLUNG, STADTPLANUNG, VERKEHRSPLANUNG, TIEFBAUAMT (Hrsg.) (2006): „Neues Verkehrssteuerungssystem Münster" als erster Baustein für ein Verkehrsmanagementsystem - Projektbeschreibung. Münster

STADT MÜNSTER, TIEFBAUAMT (2013[a]): Das Parkleitsystem. Online unter: http://www5.stadt-muenster.de/parkhaeuser/ (abgerufen am 10.5.2013 um 19:04 Uhr)

STADT MÜNSTER, TIEFBAUAMT (2013[b]): Parkplätze im Stadtgebiet. Online unter: http://www.muenster.de/stadt/tiefbauamt/parken.html (abgerufen am 31.5.2013 um 22:50 Uhr)

STADTTEILAUTO, CARSHARING MÜNSTER GMBH (2013): Über uns. Die Gegenwart. Online unter: http://www.stadtteilauto.com/ueberuns/ueberuns.htm (abgerufen am 4.6.2013 um 15:40 Uhr)

STATISTISCHES BUNDESAMT (DESTATIS) (2012): Beschäftigungsstatistik. Online unter: https://www.destatis.de/DE/ZahlenFakten/GesamtwirtschaftUmwelt/Arbeitsmarkt/Erwerb staetigkeit/Beschaeftigungsstatistik/Tabellen/Wirtschaftsabschnitte.html (abgerufen am 18.6.2013 um 11:00 Uhr)

STATISTISCHES BUNDESAMT (DESTATIS) (2013): Polizeilich erfasste Unfälle. Online unter: https://www.destatis.de/DE/ZahlenFakten/Wirtschaftsbereiche/TransportVerkehr/Verkeh rsunfaelle/Tabellen/PolizeilichErfassteUnfaelle.html (abgerufen am 6.5.2013 um 11:56 Uhr)

STEIERWALD, G., KÜNNE, H. D. , VOGT, W. (Hrsg.) (2005): Stadtverkehrsplanung. Grundlagen. Methoden. Ziele. Stuttgart

STVO (2013): Straßenverkehrs-Ordnung i. d. F. d. B. v. 6.3.2013 (BGBl. I S. 367)

UMWELTBUNDESAMT (UBA) (2011): Entwicklung der Siedlungs- und Verkehrsflächen. Online unter: http://www.umweltbundesamt-daten-zur-umwelt.de/umweltdaten/public/theme.do?nodeIdent=2277 (abgerufen am 18.3.2013 um 19:17 Uhr)

UMWELTBUNDESAMT (UBA) (2012): Luft und Luftreinhaltung. Luftbelastung Deutschland 2011. Online unter: http://www.umweltbundesamt.de/luft/schadstoffe/luftbelastung.htm (abgerufen am 29.1.2013 um 20:39 Uhr)

VERBAND DER AUTOMOBILINDUSTRIE (VDA) (2013): Zahlen und Fakten. Jahreszahlen. Allgemeines. Angaben zu Forschungsausgaben, Umsätzen und Beschäftigten in der Automobilwirtschaft. Online unter: http://www.vda.de/de/zahlen/jahreszahlen/allgemeines/ (abgerufen am 6.5.2013 um 12:15 Uhr)

VESTER, F. (1995): Crashtest Mobilität. Die Zukunft des Verkehrs. 1. Auflage. München

WALLSTRÖM, M. (2004): Reclaiming city streets for people. Chaos or quality of life? Luxemburg

WEINREICH, S. (2004): Nachhaltige Entwicklung im Personenverkehr. Eine quantitative Analyse unter Einbezug externer Kosten. Heidelberg

WOLF, W. (2007): Verkehr. Umwelt. Klima. Die Globalisierung des Tempowahns. Wien

WOLTERS, W. (2002): Verkehrsmanagement in Stadt und Region München. Ein Überblick über das BMBF-Leitprojekt Mobinet. In: KAGERMEIER, A., MAGER, T.J., ZÄNGLER, T.W. (Hrsg.):

Mobilitätskonzepte in Ballungsräumen. Mannheim. S. 51-59 (= Studien zur Mobilitäts- und Verkehrsforschung, Bd. 2)

WORLD CARFREE NETWORK (2012): World Carfree Day (WCD). Online unter: http://www.worldcarfree.net/wcfd/ (abgerufen am 5.6.2013 um 13:43 Uhr)

WÜRDEMANN, G. (2011): Postfossil und zukünftig mobil - Mobilitätschancen für alle und gesellschaftliche Innovation. In: ILS - INSTITUT FÜR LANDES- UND STADTENTWICKLUNGSFORSCHUNG (Hrsg.) (2011): Mobil sein - dabei sein! Nachhaltige Mobilität als Chance gesellschaftlicher Teilhabe. Dortmund. S. 38-73 (= ILS-Kolloquien Wintersemester 2010/11)

8.2 Bildquellen

DEUTSCHES INSTITUT FÜR URBANISTIK GMBH (DIFU) (2010): Germany's National Cycling Plan. Cooperation between the Federal Level and the Länder. In: Cycling Expertise from Germany O-1/2010. Berlin. S. 1

IFEU - INSTITUT FÜR ENERGIE- UND UMWELTFORSCHUNG HEIDELBERG, GERTEC GMBH (2009): Klimaschutzkonzept 2020 für die Stadt Münster. Endbericht. Heidelberg. S.42

INFORMATION UND TECHNIK NORDRHEIN-WESTFALEN (2009): Geoserver NRW. Online unter: http://www.gis4.nrw.de/DiensteIisteInternet/ (abgerufen am 31.7.2013 um 12:14 Uhr)

OPENSTREETMAP - DEUTSCHLAND. Online unter: www.openstreetmap.de (abgerufen am 24.4.2013 um 20:34 Uhr)

SAGITAR GMBH: Aalborg Bicycle Lane. Online unter: www.sagitar-verkehrstechnik.de/uploads/pics/20120313_AalborgBicycleLane_CA__26_.jpg (abgerufen am 25.5.2013 um17:56 Uhr)

STADT MÜNSTER: Stadtplan. Online unter: http://geo.stadt-muenster.de/ (abgerufen am 25.4.2013 um 15:48 Uhr)

STADT MÜNSTER, AMT FÜR STADTENTWICKLUNG, STADTPLANUNG, VERKEHRSPLANUNG, ABTEILUNG VERKEHRSPLANUNG (Hrsg.) (2006[a]): 2. Nahverkehrsplan Stadt Münster. Münster. S. 94

STADT MÜNSTER, AMT FÜR STADTENTWICKLUNG, STADTPLANUNG, VERKEHRSPLANUNG, ABTEILUNG VERKEHRSPLANUNG (Hrsg.) (2006[b]): 2. Nahverkehrsplan Stadt Münster. Münster. S. 95

STADT MÜNSTER, STADTPLANUNGSAMT (1998): Erster Nahverkehrsplan Stadt Münster. In: Beiträge zur Stadtforschung, Stadtentwicklung, Stadtplanung 3/98. Münster

9. Anhang

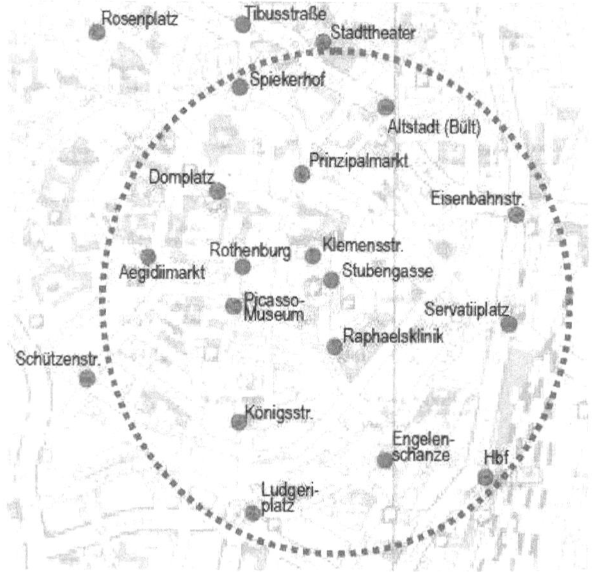

Abbildung 9: Bushaltestellen in der Altstadt   *Quelle: Stadt Münster 2006ᵃ*

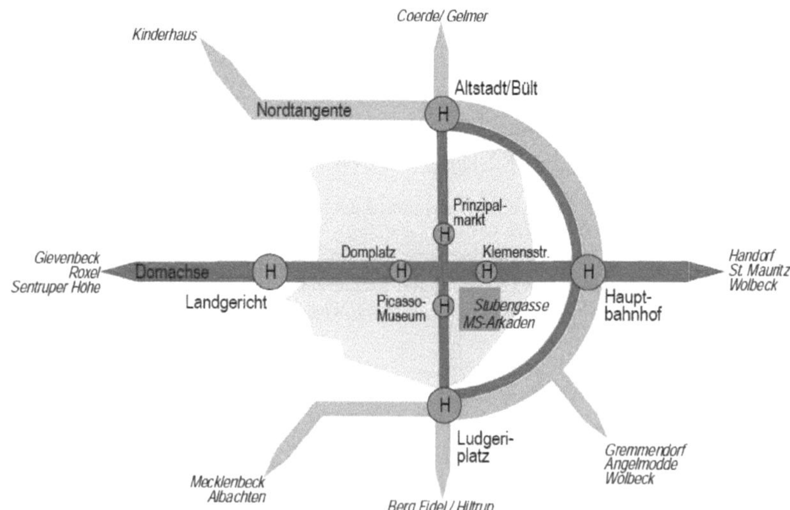

Abbildung 10: Linienführung im Altstadtbereich   *Quelle: Stadt Münster 2006ᵇ*

Abbildung 11: Straßencafé auf dem Prinzipalmarkt   *Quelle: eigenes Foto*

Abbildung 12: Verkehrsschild Klemensstraße   *Quelle: eigenes Foto*

Abbildung 13: LED-Leiteinrichtung für Fahrräder in Aalborg   *Quelle: Sagitar GmbH*

Tabelle 9: Fußgängerzonen, autofreie Straßen und mögliche Ausweitung in der münsteraner Altstadt

Fußgängerzone	„Autofrei"	Ausweitung
An der Clemenskirche	Klemensstraße	Aegidiistraße
Bäckergasse	Rothenburg	Alter Fischmarkt
Beelertstiege		Alter Steinweg
Beginengasse		Asche
Bergstraße (teilweise)		Bogenstraße
Bolandsgasse		Breite Gasse
Domgasse		Buddenstraße
Gruetgasse		Domplatz
Hals		Drubbel
Harsewinkelgasse		Frauenstraße
Heinrich-Brüning-Straße		Grüne Gasse
Hötteweg		Hollenbeckerstraße
Horsteberg		Jüdefelder Straße
Jesuitengang		Johannisstraße
Julius-Voos-Gasse		Katthagen
Kirchherrngasse		Königstraße
Klarissengasse		Klosterstraße
Kreuzstraße		Krumme Straße
Loergasse		Krummer Timpen (teilweise)
Ludgeristraße (teilweise)		Kuhstraße
Maria-Euthymia-Platz		Loerstraße
Marievengasse		Ludgeristraße (teilweise)
Michaelisplatz		Lütke Gasse
Ringoldsgasse		Magdalenenstraße
Salzstraße (teilweise)		Mühlenstraße
Spiegelturm		Neubrückenstraße (teilweise)
Stubengasse		Pferdegasse
Syndikatgasse		Prinzipalmarkt
Syndikatplatz		Roggenmarkt
Überwasserkirchplatz		Rosenplatz
Wegesende		Rosenstraße
Windhorststraße (teilweise)		Salzstraße (teilweise)
		Schlaunstraße
		Schützenstraße
		Spiekerhof
		Überwasserstraße
		Verspoel
		Wallgasse
		Wankelgasse
		Wilmergasse
		Windhorststraße (teilweise)
		Winkelstraße

Oberziel

Langfristige Sicherstellung der Mobilität eines jeden Bürgers zur Erreichbarkeit von Wohn- und Arbeitsstätten, Freizeitanlagen, Versorgungseinrichtungen und Einkaufsmöglichkeiten

Unterziele

Integrative Verkehrs- planung	Verkehrs -ver- meidung und ver- lagerung	lang- fristige Funktio- nalität	Vernetzun g der Verkehrs- arten	sozial-, umwelt- und stadt- verträgliche Verkehrs- abwicklung	integrative Kommunal - und Regional- ent- wicklung	Erhöhung der Verkehrs- sicherheit

Handlungsfelder

Ruhen- der Verkehr	Förder- ung des Rad- verkehrs	Verkehrs- marketing	Förder- ung des Fußver- kehrs	City- logistik	Siedlungs -struktur & Verkehr	Öffentlich- keitsarbeit	Förder- ung des ÖPNV

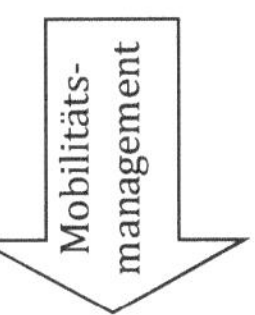

Konzepte - Programme - Maßnahmen

Gemein- schaftstarif	Tempo-30- Zonen	Pförtner- anlagen	Zustell- service	Wohnen ohne Auto	autoarme Innenstadt
Mobilitäts- beratung & -service	Münster. mobil	verbesserter ÖPNV in der Altstadt	Parkraum- konzept	Parkraum- bewirt- schaftung	Mobil- stationen
Reduzierung von Unfall- schwer- punkten	neue Koope- rations- & Belieferungs- formen im Wirtschafts- verkehr	Straßennetz für Gefahrgut- transporte	Umsetzung der Nahver- kehrspläne kommunal/ regional	optimierte Verkehrs- lenkung/ -weisung	Sicherung eines leis- tungsfähigen Hauptver- kehrsstraßen -netzes
Car-Sharing	Schulweg- sicherung	Optimierung des Rad- wegenetzes	fußgänger-/ radfahrer- freundliche Altstadt	Optimierung des Fußwege- netzes	Reduzierung des Liefer- & Entsorgungs- verkehrs

Abbildung 14: Verkehrsleitbild Münster 2010   *Quelle: verändert nach Stadt Münster 1998*

Printed by Books on Demand GmbH, Norderstedt / Germany